国家出版基金项目
NATIONAL PUBLICATION FOUNDATION

国家"十二五"重点图书出版规划项目

城市地下空间出版工程·防灾与安全系列

城市地下空间防火与安全

朱合华 闫治国 著

同济大学出版社
TONGJI UNIVERSITY PRESS

上海市高校服务国家重大战略出版工程入选项目

图书在版编目(CIP)数据

城市地下空间防火与安全/朱合华,闫治国著.—上海:同济大学出版社,2014.12(2020.1重印)

(城市地下空间出版工程·防灾与安全系列)

ISBN 978-7-5608-5702-2

Ⅰ.①城… Ⅱ.①朱…②闫… Ⅲ.①城市空间-地下建筑物-防火-研究 Ⅳ.①TU96

中国版本图书馆 CIP 数据核字(2014)第 278057 号

城市地下空间出版工程·防灾与安全系列

城市地下空间防火与安全

朱合华 闫治国 著

策　　划：杨宁霞　季　慧
责任编辑：季　慧
责任校对：徐春莲
封面设计：陈益平

出版发行　同济大学出版社　www.tongjipress.com.cn
　　　　　(地址：上海市四平路 1239 号　邮编：200092　电话：021-65985622)
经　　销　全国各地新华书店、建筑书店、网络书店
制　　作　南京前锦排版服务有限公司
印　　刷　江苏凤凰数码印务有限公司
开　　本　787mm×1092mm　1/16
印　　张　15.25
字　　数　380000
版　　次　2014 年 12 月第 1 版　2020 年 1 月第 3 次印刷
书　　号　ISBN 978-7-5608-5702-2
定　　价　98.00 元

内容提要

本书为国家"十二五"重点图书出版规划项目、国家出版基金资助项目、上海市高校服务国家重大战略出版工程入选项目。

本书围绕人们目前日益关注的城市地下空间防火与安全问题,较为系统地阐述了隧道火灾特性、隧道火灾应急通风与排烟、城市地下空间火灾报警与消防以及城市地下空间火灾疏散与救援等问题。全书内容丰富,反映了当前国内外城市地下空间防火安全方面的新成果与新趋势,有助于人们加深对地下空间火灾的认识,推动学科研究的深化发展和新成果的工程应用。

本书可供从事隧道及地下空间防火研究、设计、施工、运营的技术及管理人员学习参考,也可供高等院校相关专业的教师和学生使用。

《城市地下空间出版工程·防灾与安全系列》编委会

作者简介

朱合华 工学博士,同济大学特聘教授、隧道及地下建筑工程学科负责人,教育部土木信息技术工程研究中心主任,教育部长江学者特聘教授和长江学者创新团队计划带头人,国家973项目首席科学家,美国弗吉尼亚理工大学访问教授,国际岩土工程联盟数据标准化委员会、国际城市地下空间联合研究中心成员,英国剑桥大学智慧基础设施中心和日本大阪地域地层环境研究所国际学术顾问,中国岩石力学与工程学会副理事长,中国土木工程学会隧道及地下工程分会副理事长,中国公路学会隧道分会副理事长,上海市土木工程学会岩土力学与工程专业委员会主任,*Frontiers of Structural and Civil Engineering* 执行主编、《岩石力学与工程学报》和《现代隧道技术》副主编、《岩土工程学报》常务编委。曾入选上海市第六届教学名师,获科技部"十一五"国家科技计划执行突出贡献奖、中国科协"全国优秀科技工作者"称号和上海市"科技精英"提名奖。

　　长期从事隧道及地下建筑工程领域的教学与科研工作,主要研究方向涉及岩体破坏力学与模拟、隧道及地下结构全寿命设计理论、地下空间与工程数字化技术及防火安全。出版学术著作7部;在国内外核心学术期刊发表论文300余篇,其中SCI收录60余篇、EI收录200余篇;主编国家和行业规范1部、参编2部;获得国家发明专利授权20余项;主持研发的同济曙光系列软件被中国《公路隧道设计规范》所推荐。获国家科技进步奖二等奖1项、省部级一等奖7项,并获国际计算和实验工程与科学年会(2013)国际学术贡献奖(THH Pian Medal)。

闫治国 工学博士,同济大学土木工程学院副教授、硕士生导师,美国加州大学洛杉矶分校访问学者,国际土力学及岩土工程协会(ISSMFE)、国际岩石力学与工程学会(ISRM)及国际地下空间联合研究中心(ACUUS)会员,中国岩石力学与工程学会地下工程分会理事,中国土木工程学会隧道及地下工程分会地下空间专业委员会秘书长、隧道及地下空间运营安全与节能环保专业委员会副秘书长。主要从事隧道及地下工程防灾与结构材料自修复研究工作,主持和参与国家自然科学基金、国家重点基础研究发展计划(973计划)、国家高技术研究发展计划(863计划)、"十一五"国家科技支撑计划、西部交通建设科技项目、上海市科技攻关计划等项目20余项。获得国家科技进步奖二等奖1项、教育部科技进步奖一等奖1项、上海市科技进步奖三等奖1项、中国公路学会科技进步奖二等奖1项,获得全国优秀博士学位论文提名奖1项。主编和参编教材、著作等7部;发表论文50余篇,其中SCI/EI收录27篇;获得国家发明专利授权10项、实用新型专利2项、软件著作权2项,申请受理发明专利6项。

总 序

FOREWORD

　　国际隧道与地下空间协会指出,21世纪是人类走向地下空间的世纪。科学技术的飞速发展,城市居住人口迅猛增长,随之而来的城市中心可利用土地资源有限、能源紧缺、环境污染、交通拥堵等诸多影响城市可持续发展的问题,都使我国城市未来的发展趋向于对城市地下空间的开发利用。地下空间的开发利用是城市发展到一定阶段的产物,国外开发地下空间起步较早,自1863年伦敦地铁开通到现在已有150年。中国的城市地下空间开发利用源于20世纪50年代的人防工程,目前已步入快速发展阶段。当前,我国正处在城市化发展时期,城市的加速发展迫使人们对城市地下空间的开发利用步伐加快。无疑21世纪将是我国城市向纵深方向发展的时代,今后20年乃至更长的时间,将是中国城市地下空间开发建设和利用的高峰期。

　　地下空间是城市十分巨大而丰富的空间资源。它包含土地多重化利用的城市各种地下商业、停车库、地下仓储物流及人防工程,包含能大力缓解城市交通拥挤和减少环境污染的城市地下轨道交通和城市地下快速路隧道,包含作为城市生命线的各类管线和市政隧道,如城市防洪的地下水道、供水及电缆隧道等地下建筑空间。可以看到,城市地下空间的开发利用对城市紧缺土地的多重利用、有效改善地面交通、节约能源及改善环境污染起着重要作用。通过对地下空间的开发利用,人类能够享受到更多的蓝天白云、清新的空气和明媚的阳光,逐渐达到人与自然的和谐。

　　尽管地下空间具有恒温性、恒湿性、隐蔽性、隔热性等特点,但相对于地上空间,地下空间的开发和利用一般周期比较长、建设成本比较高、建成后其改造或改建的可能性比较小,因此对地下空间的开发利用在多方论证、谨慎决策的同时,必须要有完整的技术理论体系给予支持。同时,由于地下空间是修建在土体或岩石中的地下构筑物,具有隐蔽性特点,与地面联络通道有限,且其周围临近很多具有敏感性的各类建(构)筑物(如地铁、房屋、道路、管线等)。这些特点使得地下空间在开发和利用中,在缺乏充分的地质勘察、不当的设计和施工条件下,所引起的重大灾害事故时有发生。近年来,国内外在地下空间建设中的灾害事故(2004年新加坡地铁施工事故、2009年德国科隆地铁塌方、2003年上海地铁4号线事故、2008年杭州地铁建设事故等),以及运营中的火灾(2003年韩国大邱地铁火灾、2006年美国芝加哥地铁事故等)、断电(2011年上海地铁10号线追尾事故等)等造成的影响至今仍给社会带来极大的负面效应。因此,在开发利用地下空间的过程中需要有深入的专业理论和技术方法来指导。在我国城市地下空间开发建设步入"快车道"的背景下,目前市场上的书籍还远远不能满足现阶段这方面的迫切需要,系统的、具有引领性的技术类丛书更感匮乏。

目前,城市地下空间开发亟待建立科学的风险控制体系和有针对性的监管办法,《城市地下空间出版工程》这套丛书着眼于国家未来的发展方向,按照城市地下空间资源安全开发利用与维护管理的全过程进行规划,借鉴国际、国内城市地下空间开发的研究成果并结合实际案例,以城市地下交通、地下市政公用、地下公共服务、地下防空防灾、地下仓储物流、地下工业生产、地下能源环保、地下文物保护等设施为对象,分别从地下空间开发利用的管理法规与投融资、资源评估与开发利用规划、城市地下空间设计、城市地下空间施工和城市地下空间的安全防灾与运营管理等多个方面进行组织策划,这些内容分而有深度、合而成系统,涵盖了目前地下空间开发利用的全套知识体系,其中不乏反映发达国家在这一领域的科研及工程应用成果,涉及国家相关法律法规的解读,设计施工理论和方法,灾害风险评估与预警以及智能化、综合信息等,以期成为对我国未来开发利用地下空间较为完整的理论指导体系。综上所述,丛书具有学术上、技术上的前瞻性和重大的工程实践意义。

本套丛书被列为"十二五"时期国家重点图书出版规划项目。丛书的理论研究成果来自国家重点基础研究发展计划(973 计划)、国家高技术研究发展计划(863 计划)、"十一五"国家科技支撑计划、"十二五"国家科技支撑计划、国家自然科学基金项目、上海市科委科技攻关项目、上海市科委科技创新行动计划等科研项目。同时,丛书的出版得到了国家出版基金的支持。

由于地下空间开发利用在我国的许多城市已经开始,而开发建设中的新情况、新问题也在不断出现,本丛书难以在有限时间内涵盖所有新情况与新问题,书中疏漏、不当之处难免,恳请广大读者不吝指正。

钱七虎

2014 年 6 月

▪ 前 言 ▪

PREFACE

由于地下空间环境的封闭性和逃生救援的困难性,一旦发生火灾,将会造成严重的伤亡和巨大的社会影响与经济损失。频繁发生的地下空间火灾事故,使人们对地下空间的防火安全越来越关注,并对地下空间的使用存在一定的恐惧心理。因此,在"城市向地下走"成为一种必然趋势的大背景下,如何探索地下空间的火灾规律,如何采用新理念、新方法和新技术,以确保地下空间的高安全性,避免地下空间的火灾灾害影响,消除火灾对人们造成的负面心理效应,成为目前地下空间设计、施工及运营管理等部门迫切需要解决的问题。

本书系统地介绍了作者近年来在地下空间的火灾特性、应急通风与排烟、火灾报警消防及疏散救援等方面的研究成果。该书的出版将有助于加深人们对地下空间防火重要性的认识,推动学科研究的继续深入,同时也有助于火灾安全领域的新方法和新技术推广应用到工程实践中,提升工程的运营安全与防火技术水平。

本书主要内容包括五个方面:

(1) 第1章绪论,通过分析国内外道路隧道、地铁及地下街火灾案例,总结了其发生火灾的原因及特点;同时,介绍了国内外地下空间防火与安全的研究现状与发展趋势。

(2) 第2章隧道火灾特性,分析了火灾发生时隧道内温度烟气场的特征及变化规律。同时,介绍了大断面道路隧道及高海拔道路隧道火灾的特性。

(3) 第3章隧道火灾的应急通风与排烟,以重点排烟为例,探讨了隧道火灾重点排烟模式与控制策略及各关键参数对通风排烟性能的影响。

(4) 第4章地下空间火灾的监控与预警,阐述了地下空间火灾探测预警技术原理、火灾监控预警系统设置及工程应用。

(5) 第5章地下空间火灾的疏散救援,介绍了地下空间火灾疏散的基本原理、典型地下工程火灾疏散仿真分析、隧道动态反馈式火灾疏散救援技术及应急疏散逃生通道技术。

本书涉及的研究成果是在"十一五"国家科技支撑计划课题(编号:2006BAJ27B04、2006BAJ27B05)、国家高技术研究发展计划(863计划,编号:2006AA11Z118)、上海市科技攻关(重点支撑)项目(编号:04dz12010、11231201200、13231200600)、交通运输部建设科技项目(编号:2011318499740、2013318J02120)等资助下完成的。在项目的实施过程中得到了国家科技部、上海市城乡建设和管理委员会、上海市路政局、上海市城市建设设计研究总院、上海市政工程设计研究总院(集团)有限公司、上海隧道工程股份有限公司等单位的大力支持和帮助,限于篇幅,不一一列出,在此谨表示衷心的感谢。

防灾课题组(按入学先后顺序)的曾令军、强健、姚坚、刘滔、尹玫、方银钢、常岐、梁利、沈奕、唐正伟、陈正发、陈庆、郭清超、王安民、徐婕、周帅、杨成、于鹏、赵黎、董泽宁、李浩然、田野及张耀等各位研究生为本书研究成果的取得付出了辛勤的努力;在本书编写过程中,上海市城市建设设计研究总院为本书提供了丰富的工程案例资料;研究生郭清超为本书编排做了大量的工作,在此一并深表谢意。

感谢同济大学出版社对本书的出版发行所做的努力和付出,尤其是杨宁霞和季慧两位女士,衷心地感谢她们的不懈努力。

由于地下空间火灾问题十分复杂,作者对之认识水平有限,且研究工作尚处于一定的阶段,书中难免存在不足之处,恳请读者批评指正。

著　者

2014 年 8 月于同济园

目 录

CONTENTS

总序

前言

1 绪论 ··· 1

1.1 概述 ·· 2

1.2 地下空间火灾事故案例 ··· 2

1.2.1 道路隧道火灾 ·· 2

1.2.2 地铁火灾 ·· 7

1.2.3 地下街火灾 ··· 9

1.3 地下空间火灾原因及特点 ·· 10

1.3.1 道路隧道火灾 ·· 10

1.3.2 地铁火灾 ·· 12

1.3.3 地下街火灾 ··· 13

1.4 地下空间防火与安全现状及发展趋势 ·· 14

1.4.1 国内外相关的研究组织及机构 ·· 14

1.4.2 国内外开展的隧道及地下空间防火安全研究工作 ······················ 15

1.4.3 相关规范、标准、导则 ··· 20

2 隧道火灾特性 ·· 23

2.1 火灾时隧道温度烟气场特征及变化规律 ··· 24

2.1.1 概述 ··· 24

2.1.2 火灾升温速率 ·· 25

2.1.3 火灾中达到的最高温度 ··· 28

2.1.4 火灾持续时间 ·· 32

2.1.5 降温阶段的温度变化 ·· 33

        2.1.6 温度横向分布 ·· 33
        2.1.7 温度纵向分布 ·· 36
        2.1.8 影响因素分析 ·· 37
    2.2 大断面道路隧道火灾特性 ·· 41
        2.2.1 试验概况 ·· 41
        2.2.2 试验结果及分析 ·· 44
    2.3 高海拔道路隧道火灾特性 ·· 51
        2.3.1 试验隧道概况 ·· 51
        2.3.2 试验火灾规模及工况设置 ······································ 52
        2.3.3 试验量测项目及测点布置 ······································ 54
        2.3.4 高海拔道路隧道火灾燃烧特性 ·································· 56
        2.3.5 高海拔道路隧道火灾温度场特性 ······························ 58
        2.3.6 高海拔道路隧道火灾火焰高度变化规律 ························ 61
        2.3.7 高海拔道路隧道火灾烟气逆流特性 ···························· 62

3 **隧道火灾的应急通风与排烟** ··· 65
    3.1 概述 ·· 66
    3.2 隧道火灾排烟研究现状 ·· 66
        3.2.1 长大道路隧道火灾排烟模式 ···································· 66
        3.2.2 国内外研究现状 ·· 68
    3.3 隧道火灾CFD数值模拟研究方法 ·· 75
        3.3.1 几何尺寸与边界条件 ·· 76
        3.3.2 网格划分 ·· 77
        3.3.3 火灾场景设置 ·· 78
        3.3.4 重点排烟评价指标 ·· 80
    3.4 重点排烟长大道路隧道火灾排烟策略 ···································· 83
        3.4.1 开启火源一侧排烟口时火灾特性分析 ···························· 85
        3.4.2 对称开启火源两侧排烟口时火灾特性分析 ························ 89
        3.4.3 非对称开启火源两侧排烟口时火灾特性分析 ······················ 94
        3.4.4 排烟口间距对纵断面火灾特性的影响 ·························· 100
    3.5 重点排烟模式长大道路隧道火灾烟气流动特性影响因素 ·················· 110
        3.5.1 排烟口形状对重点排烟火灾特性的影响 ························ 113
        3.5.2 火源位置对重点排烟火灾特性的影响 ·························· 120
        3.5.3 排烟速率对重点排烟火灾特性的影响 ·························· 125

4 地下空间火灾的报警与消防 ··· 133

4.1 概述 ··· 134

4.2 地下空间火灾探测报警方法 ·· 134

4.2.1 火灾探测报警原理 ··· 134

4.2.2 典型火灾探测器 ··· 135

4.3 道路隧道火灾的自动报警 ·· 138

4.3.1 道路隧道火灾自动报警系统 ····································· 138

4.3.2 典型城市道路隧道火灾报警系统设计 ····························· 140

4.4 地铁火灾的自动报警 ·· 144

4.4.1 地铁火灾自动报警系统 ··· 144

4.4.2 典型地铁工程火灾报警系统设计 ································· 145

4.5 道路隧道火灾的消防与灭火 ·· 151

4.5.1 概述 ··· 151

4.5.2 道路隧道消防灭火系统 ··· 153

4.6 道路隧道火灾报警与消防系统运行现状及改善对策 ····················· 154

4.6.1 道路隧道火灾自动报警系统运行现状 ····························· 154

4.6.2 道路隧道水消防系统运行现状 ··································· 155

4.6.3 城市道路隧道火灾报警与消防系统的改善对策 ····················· 156

5 地下空间火灾的疏散与救援 ··· 159

5.1 道路隧道火灾的疏散救援模式 ·· 160

5.2 隧道火灾动态预警及疏散救援技术 ······································ 163

5.2.1 概述 ··· 163

5.2.2 基本原理及系统框架 ··· 164

5.2.3 火灾实时温度场 ··· 166

5.2.4 火灾烟气扩散范围 ··· 167

5.2.5 火灾热释放率 ··· 172

5.2.6 火源点位置 ··· 177

5.2.7 工程应用 ··· 181

5.3 地铁应急疏散逃生通道技术 ·· 184

5.3.1 概述 ··· 184

5.3.2 地铁应急疏散逃生通道技术原理 ································· 186

5.3.3 地铁应急疏散逃生通道疏散仿真分析 ····························· 189

5.4 地下空间火灾疏散分析的基本原理 ······································ 192

5.4.1 概述 ··· 192

　　　5.4.2　人员疏散的计算方法 ……………………………………… 193

　　　5.4.3　外界环境对人员疏散的影响 ………………………………… 193

　　5.5　典型地下工程火灾疏散仿真分析 ……………………………… 194

　　　5.5.1　长大越江道路隧道火灾疏散仿真分析 ……………………… 194

　　　5.5.2　地铁枢纽站火灾疏散仿真分析 ……………………………… 205

　　　5.5.3　双层越江隧道烟气流动规律与疏散逃生救援策略 ………… 214

参考文献 ……………………………………………………………… 222

索引 …………………………………………………………………… 230

1 绪 论

1.1　概述

地下空间是城市十分巨大而丰富的空间资源。自 20 世纪 80 年代后期,国际隧道与地下空间协会(原国际隧道协会)(International Tunnelling and Underground Space Association, ITA)提出"大力发展地下空间,开始人类新的穴居时代"的倡议以来,地下空间开发利用作为解决城市人口、环境、资源三大难题的重大举措,在世界各国得到了积极的响应。

进入 21 世纪后,我国面临大规模开发利用地下空间资源、加速推进城市现代化进程的历史机遇,城市地下空间的数量、类型、规模都快速增长。以上海市为例,2006—2011 年间地下空间开发量增加了 3.6 倍。同时,到 2015 年,全国 25 个城市 87 条轨道交通线路将投入运营,总投资达 1 万亿元。

但当火灾发生时,由于地下空间环境的封闭性,排烟与散热条件差,会很快产生并积聚高温、高浓度的有毒烟雾,导致人员疏散、救援困难,并会使结构及内部设施产生严重损毁,造成严重的人员伤亡和巨大的社会负面影响。以道路隧道为例,火灾不但会导致整条线路交通的瘫痪,极大地影响人们正常的生产和生活,导致社会经济的损失,也会带来严重的社会负面影响,降低公众对隧道安全性的信任度。此外,火灾后的损伤评估、修复加固以及正常使用功能的恢复都会耗费相当数量的人力、物力和财力。因此,在城市地下空间大规模开发利用的背景下,探讨其防火与安全问题是非常必要的。

1.2　地下空间火灾事故案例

1.2.1　道路隧道火灾

城市道路隧道作为立体交通方式之一,不仅可以缓解城市交通压力,解决交通干线跨江越海受到的限制,而且可以缩短线路里程,降低对周围环境的影响。但是,在道路隧道给人们生产、生活带来便利的同时,作为主要灾害的火灾也频繁发生,并造成了巨大的社会负面影响和经济损失。表 1－1 列出了国内外发生的部分道路隧道火灾事故案例。

表 1－1　道路隧道火灾事故案例

序号	隧道名称	长度/m	火灾时间	火灾原因及概况	火灾持续时间/h	人员伤亡、结构和设备损坏情况
1	纽约 Holland 隧道	2 550	1949 年	运送二硫化碳的重型卡车爆炸起火	4	10 辆卡车、13 辆小汽车烧毁;衬砌严重损伤超过 200 m;1 500 m长的顶板塌落;电气设备遭到重大损坏
2	日本铃鹿公路隧道	246	1967 年	载有苯乙烯制成的容器的载重卡车发动机起火	—	2 人受伤;13 辆卡车烧毁

续表

序号	隧道名称	长度/m	火灾时间	火灾原因及概况	火灾持续时间/h	人员伤亡、结构和设备损坏情况
3	日本关门水下隧道	—	1967 年	载重卡车起火,火灾蔓延到其他车辆	—	1 辆大卡车被烧毁,2 辆普通卡车部分烧毁
4	德国 Moorfleet 隧道	243	1969 年	载有聚乙烯的卡车刹车时后轮胎起火,火焰蔓延到货物上引起火灾	1.5	1 辆卡车及拖车损坏;拱顶、边墙造成了严重损伤,严重损坏范围达 34 m
5	日本关门水下隧道	246	1971 年	1 辆大卡车撞击 1 辆小卡车,油箱起火	—	1 辆卡车烧毁
6	美国 Chesapeake Bay 隧道	—	1974 年	冷藏车爆胎侧翻后起火	—	卡车损坏;隧道拱顶损伤
7	日本都夫良野水下隧道		1977 年	卡车所载的木料过热起火	—	1 辆卡车烧毁
8	荷兰 Velsen 隧道	770	1978 年	4 辆卡车(无危险物品)、2 辆小汽车追尾起火	1.3	2 辆卡车、4 辆小汽车烧毁;衬砌严重损伤超过30 m
9	美国 Baltimore Harbor 隧道	—	1978 年	卡车与油罐车追尾,卡车起火后蔓延到油罐车(包括危险品)	—	消防部门及时扑灭了火灾,隧道没有损伤
10	日本惠那山水下隧道	—	—	卡车的作业灯漏电起火	—	烧毁数辆货车
11	日本 Nihonzaka 隧道	2 045	1979 年	4 辆卡车、2 辆轿车相撞起火,火灾蔓延到隧道中的其他车辆(超过半数为货车,含有危险物品)	159	127 辆卡车、46 辆小汽车烧毁;衬砌严重损伤超过1 100 m
12	日本 Kajiwara 隧道	740	1980 年	1 辆运送涂料(含有危险物品)的卡车碰撞隧道侧壁,侧翻起火	—	1 辆 4 t 载重卡车、1 辆 10 t 载重卡车烧毁;衬砌严重损坏超过 280 m
13	日本福井县敦贺公路隧道	735	1981 年	1 辆大卡车油箱起火,火灾蔓延到对面开来的另一辆卡车上	1.6	1 辆卡车全部烧毁;另一辆卡车部分烧毁;火区附近 155 m 长范围内设备全部毁坏
14	美国 Wallace 隧道	—	—	1 辆卡车发动机起火引发火灾;通风系统失效,隧道内充满了烟雾,无法接近火源进行灭火	—	1 辆卡车完全烧毁

3

续表

序号	隧道名称	长度/m	火灾时间	火灾原因及概况	火灾持续时间/h	人员伤亡、结构和设备损坏情况
15	美国 Caldecott 隧道	1 028	1982 年	1 辆小汽车、1 辆公交车和 1 辆运输汽油的卡车追尾相撞起火	2.7	3 辆卡车、1 辆客车、4 辆小汽车烧毁；火源附近衬砌严重损伤超过 580 m
16	意大利 Pecorila Galleria 隧道	662	1983 年	1 辆卡车（无危险物品）追尾起火	—	10 辆小汽车烧毁；衬砌轻微损伤
17	法-意间 Fréjus 隧道	12 868	1983 年	1 辆满载塑料的重型货车齿轮箱破裂起火	1.8	1 辆重型货车烧毁；衬砌严重损伤 200 m
18	美国旧金山奥克兰公路隧道	—	1983 年	汽车与前方公共汽车相撞起火，后面高速行驶的油罐车撞在这两辆车上，汽油泄漏大火蔓延	—	7 辆汽车烧毁；7 人死亡，9 人受伤
19	法国 L'Ame 隧道	1 105	1986 年	重型卡车高速行驶中刹车起火	—	1 辆卡车、4 辆小汽车烧毁；设备损坏严重
20	瑞士 Gumefens 隧道	343	1987 年	卡车追尾起火	2	2 辆卡车、1 辆厢式货车烧毁；衬砌轻微损伤
21	挪威 Røldal 隧道	4 656	1990 年	装运汽车的长型货车起火	0.8	衬砌轻微损伤
22	法国-意大利间勃朗峰（Mont Blanc）隧道	11 600	1990 年	运送 20 t 棉花的卡车发动机起火	—	1 辆卡车烧毁；设备损坏
23	意大利 Serra Ripoli 隧道	442	1993 年	1 辆小汽车与运送纸张的卡车碰撞起火	2.5	5 辆卡车、11 辆小汽车烧毁；衬砌轻微损伤
24	挪威 Hovden 隧道	1 290	1993 年	摩托车与小汽车追尾起火	1	1 辆摩托车、2 辆小汽车烧毁；隧道内 111 m 长范围内耐火材料损坏
25	瑞士圣哥达（St. Gotthard）隧道	16 918	1994 年	1 辆重型卡车起火	2	1 辆重型卡车烧毁；对 50 m 范围内的隧道拱顶、路面和设备造成了严重的损害，隧道关闭 2.5 d
26	南非 Huguenot 隧道	3 914	1994 年	1 辆公交车电器故障起火	1	1 辆公交车烧毁；衬砌严重损坏
27	丹麦大贝尔特隧道	—	1994 年	施工期间起火	7	16 环管片顶部受损；10 块管片表层爆裂，受损深度达 68%

续表

序号	隧道名称	长度/m	火灾时间	火灾原因及概况	火灾持续时间/h	人员伤亡、结构和设备损坏情况
28	奥地利 Pfander 隧道	6 719	1995 年	带拖车的卡车撞车起火	1	1 辆卡车、1 辆货车、1 辆小汽车烧毁；衬砌严重损坏
29	意大利 Isola Delle Femmine 隧道	148	1996 年	1 辆油罐车与 1 辆长途客车相撞起火爆炸	—	1 辆油罐车、18 辆小汽车烧毁；衬砌严重损坏；隧道关闭 2.5 d
30	瑞士圣哥达 (St. Gotthard) 隧道	16 918	1997 年	1 辆重型卡车引擎起火引发火灾	1.3	1 辆重型卡车烧毁；衬砌严重损伤 100 m
31	中国盘陀岭第二公路隧道	—	1998 年	货车起火	—	50 m 范围内衬砌严重破坏，大面积剥落、掉块；纵向、环向开裂；大面积漏水；强度严重降低
32	法国-意大利间勃朗峰隧道	11 600	1999 年	1 辆满载面粉和人造黄油的卡车发动机起火，引燃相邻卡车	55	23 辆卡车、10 辆小汽车、1 辆摩托车、2 辆消防车烧毁；对 900 m 范围的衬砌造成了严重损坏；隧道拱顶局部沙化，隧道关闭 3 年
33	奥地利托恩 (Tauern) 隧道	6 401	1999 年	运送涂料的卡车追尾起火	15	16 辆重型卡车、24 辆汽车烧毁；对 600 m 范围衬砌结构造成严重损坏；隧道关闭 3 个月
34	挪威 Seljestad 隧道	1 272	2000 年	1 辆卡车柴油机起火	0.75	1 辆卡车、6 辆小汽车、1 辆摩托车烧毁；衬砌严重损坏；隧道关闭 1.5 d
35	意大利 Prapontin 隧道	4 409	2001 年	卡车由于机械问题起火	—	隧道关闭 9 d
36	奥地利 Gleinalm 隧道	8 320	2001 年	小汽车和卡车相撞起火	—	—
37	瑞士圣哥达隧道	16 918	2001 年	2 辆重型卡车相撞起火	48	13 辆卡车、6 辆货车、6 辆小汽车烧毁；对衬砌结构造成了严重的损坏；隧道圆拱顶部塌陷；隧道内部分路段被烧毁；隧道关闭了约 2 个月
38	中国琥珀山隧道	500	2001 年	满载聚乙烯泡沫方便面碗的大货车电瓶起火	—	隧道阻塞，车辆绕行

续表

序号	隧道名称	长度/m	火灾时间	火灾原因及概况	火灾持续时间/h	人员伤亡、结构和设备损坏情况
39	中国甬台温高速猫狸岭隧道	—	2002年	1辆满载皮鞋、打火机和透明胶片的东风大货车发动机故障,驾驶员用打火机点亮检查发动机时引起火灾	2	1辆货车烧毁;烧毁衬砌200余米,交通中断18 d
40	巴黎A86双层公路隧道	10 000	2002年	下层一辆输送预制混凝土管片的机车起火	—	输送机车被烧焦;150 m范围隧道拱顶管片损坏,厚42 cm的拱顶管片爆裂,深度达到5~6 cm
41	中国福宁高速公路白岩里隧道	—	2003年	1辆满载32部摩托车的大货车在隧道内起火并引发爆炸	—	1辆大货车、32部摩托车烧毁;无人员伤亡
42	中国真武山隧道	—	2004年	货车突然起火	—	大堵车
43	法国-意大利间Fréjus隧道	12 868	2005年	1辆满载轮胎的重型货车由于燃油泄漏起火,火焰蔓延到附近的其他车辆	6	2人死亡;4辆重型货车烧毁;10 km范围隧道设备损坏;隧道关闭
44	中国北温泉隧道	3 609	2006年	—	—	设施损坏
45	中国天长岭隧道	3 400	2006年	载有5 t废纸的货车老化自燃起火	—	—
46	中国秦岭终南山隧道	—	2009年	一辆装载棉被的小货车失火	—	感温光纤火灾自动报警系统及时报警,扑救及时,无人员伤亡及车辆、隧道设施损坏
47	中国浙江大溪岭隧道	—	2010年	一辆半挂车轮胎突然起火	1.5	车上8辆宝马车和半挂车被烧成空铁架,隧道壁、电缆线也不同程度损坏
48	中国甘肃新七道梁隧道	—	2011年	紧急停车带处两辆装载危险化学品的油罐车追尾发生燃烧爆炸	2	4人死亡、1人受伤,3辆车烧毁,衬砌结构、路面及洞内设施受损严重
49	中国沪蓉西高速鱼泉溪隧道	—	2011年	一辆大型半挂车后轮胎抱死起火	—	无人员伤亡,隧道顶部、外墙、线缆受损
50	中国台湾雪山隧道	—	2012年	车辆爆胎相撞起火	—	2人死亡、31人受伤,隧道全面封闭6 h

续表

序号	隧道名称	长度/m	火灾时间	火灾原因及概况	火灾持续时间/h	人员伤亡、结构和设备损坏情况
51	中国上海外滩隧道	—	2012 年	汽车撞击隧道防护墙后起火	—	1 车辆烧毁
52	中国晋济高速岩后隧道	—	2014 年	两辆危化品运输罐车追尾相撞,司机处置过程中起火	73	31 人死亡、9 人失踪,42 辆汽车、1 500 多吨煤炭燃烧,并引发液态天然气车辆爆炸

1.2.2 地铁火灾

城市地铁系统(亦称城市轨道交通系统)对于改善大中型城市交通,加强城市防护具有重要作用。以上海市为例,目前轨道交通全网运营线路总长约 567 km,车站 332 座,工作日平均客流超 800 万人次,未来在公共交通客运中的分担率将超过 50%。但是,伴随着国内外城市地铁系统的发展,突发性灾害如火灾、爆炸等也频繁发生,特别是火灾,对地铁系统的安全运营构成了极大的威胁。由于地铁环境的封闭性,再加上客流量大,一旦发生火灾事故,往往很难及时有效处置,容易导致群死群伤,造成巨大的财产损失和不良的社会影响。表 1-2 列出了国内外发生的部分城市地铁系统火灾案例。

表 1-2　　　　　　地铁火灾事故案例

序号	地铁名称	火灾时间	火灾原因及概况	人员伤亡、结构和设备损坏情况
1	英国伦敦地铁 Shepards Bush/Holland Park 区间隧道	1958 年	电气设备故障引起火灾	1 人死亡,51 人受伤
2	日本东京地铁日比谷线六本木站—神谷町站区间隧道	1968 年	运行中列车的设备起火	11 人受伤;3 节车厢烧毁
3	中国北京地铁 1 号线	1969 年	电气设备故障起火	6 人死亡,200 多人受伤中毒;烧毁电力机车 2 节
4	加拿大蒙特利尔地铁	1971 年	火车与隧道相撞引起电路短路起火	1 人死亡;24 节车厢烧毁;总计损失 500 万美元
5	法国巴黎地铁 7 号线	1973 年	车厢内人为纵火	2 人窒息死亡;车厢被烧毁
6	美国波士顿地铁	1975 年	隧道内电源短路起火	34 人受伤
7	加拿大多伦多地铁	1976 年	人为纵火	4 节车厢烧毁
8	葡萄牙里斯本地铁	1976 年	技术故障起火	4 节车厢烧毁
9	德国科隆地铁	1978 年	未熄烟蒂丢在后部转向架的底架上引发火灾	电车、电力轨道烧毁;8 人受伤

续表

序号	地铁名称	火灾时间	火灾原因及概况	人员伤亡、结构和设备损坏情况
10	美国费城地铁	1979年	电源短路引起火灾	148人受伤；1节车厢烧毁
11	美国纽约地铁	1979年	丢弃的未熄烟蒂引燃油箱	4人受伤；2节车厢烧毁
12	美国旧金山地铁	1979年	侧向电流集电器损坏引起火灾	1人死亡，56人受伤；5节车厢烧毁；12节车厢损坏
13	德国汉堡地铁	1980年	车厢座位上纵火	4人受伤；2节车厢烧毁
14	俄罗斯莫斯科地铁	1981年	电源短路起火	7人死亡；15节车厢烧毁
15	德国波恩地铁	1981年	技术故障引起火灾	电车烧毁
16	美国纽约地铁（奥科特波斯卡耶车站）	1981年	电子故障使列车起火	7人死亡；2节车厢烧毁
17	美国纽约地铁	1982年	控制齿轮故障引起火灾	86人受伤；1节车厢烧毁
18	德国慕尼黑地铁	1983年	电气故障引起火灾	7人受伤；2辆双动力机车烧毁
19	德国汉堡地铁	1984年	车厢座位上纵火	1人受伤；2节车厢烧毁；1节车厢损坏
20	美国纽约地铁	1985年	人为纵火	15人受伤；16节车厢烧毁
21	日本东京地铁半藏门线涉谷车站	1985年	列车下部轴承破损发热引起火灾	部分车厢烧毁
22	德国柏林地铁	1986年	电气故障引起火灾	电车烧毁
23	英国伦敦地铁国王十字车站	1987年	乘客在木制电扶梯的间隙内乱丢烟蒂使自动电梯下面的一个机房燃起大火并迅速蔓延	32人死亡；100多人受伤
24	瑞士苏黎世地铁	1991年	车内电线短路，尾部机车和最后两节车厢在连接处起火	多节车厢烧毁
25	阿塞拜疆巴库地铁	1995年	发动机电气老化短路起火，列车停在隧道内	558人死亡，269人受伤
26	韩国大邱市地铁1号线中央路车站	2003年	人为纵火引起火灾	192人死亡，147人受伤
27	中国北京地铁崇文门车站区间隧道	2005年	行驶中的列车车厢排风扇突然冒烟起火	车站封闭50 min，隧道顶部被烟熏黑，无人员伤亡

续表

序号	地铁名称	火灾时间	火灾原因及概况	人员伤亡、结构和设备损坏情况
28	法国巴黎地铁 13 号线辛普朗车站	2005 年	一列地铁列车起火，随即波及相对驶来的另一列地铁列车	12 人受伤；4 号线部分关闭
29	美国芝加哥地铁	2006 年	列车在隧道中发生脱轨事故，车厢起火，数百人被疏散	152 人受伤
30	乌克兰基辅地铁奥萨科尔加站	2012 年	吊灯起火引燃天花板，火势迅速蔓延，整个地铁站一片火海	—
31	莫斯科地铁 1 号线区间隧道	2013 年	"猎人商场"站与"列宁图书馆"站之间的供电电缆突然起火，导致部分地铁线路瘫痪	约 4 500 名乘客被紧急疏散；15 人受伤

1.2.3　地下街火灾

1930 年，日本建造了最早的地下街——上野地下商业街，它是由人行过街地道或地铁人行道扩建而成。1965 年建成的东京八重洲地下街是世界上规模最大的地下街（上层为地下市场街，中层为停车场，底层为供电和通风设备），总建筑面积达 73 253 m^2（程群，2006）。

之后，随着城市发展的需要，集交通、商业、文娱等功能为一体的城市地下综合体在各国迅速发展，涌现了诸如巴黎德芳斯新城地下综合体、法国列·阿莱商业区地下综合体、广州珠江新城地下综合体、北京 CBD 核心区地下综合体、上海人民广场地下综合体、上海五角场地下综合体、上海铁路南站地下广场以及上海世博园区地下综合体等大型地下空间工程。

地下街由于人流密集、环境封闭以及可燃物多，一旦发生火灾，极易造成严重的人员伤亡和财产损失。表 1-3 列出了部分国内外发生在地下街及地下商场的火灾案例。

表 1-3　　　　　　　　　　地下街及地下商场火灾案例

序号	火灾时间	地下工程名称	火灾原因及概况
1	1988 年	中国南昌福山地下贸易中心	可燃物引起特大火灾。大火持续了 17 h 被扑灭。地下商业街中心线 1 560 m^2 的环形主干道及 68 户店面被烧毁
2	1989 年	日本大阪站前地下街	饭店起火，浓烟充满了整个空间。火灾持续了 4 h 被扑灭
3	2005 年	中国自贡隧道商场	商场内店铺着火，大火将隧道内近 180 m 长的店铺烧得面目全非，过火面积在 1 000 m^2 左右，大火持续了 7 h
4	2006 年	中国包头东河劝业城地下商城	过火面积达上千平方米。现场浓烟多，能见度很低，看不到着火点，且火场周围温度很高，给灭火工作带来很大困难。火灾持续了 5 个多小时被扑灭

续表

序号	火灾时间	地下工程名称	火灾原因及概况
5	2007 年	中国上海人民广场地下华盛街商场	配电房电缆起火。事故造成地铁 2 号线人民广场站 10、11 号出口临时封闭,华盛街地下店铺和摊位也全部停止营业。火灾中无人员伤亡
6	2008 年	中国遵义丁字口人防地下商场	一间服装店铺被烧毁。因扑救及时,大火没有蔓延到整座商场
7	2013 年	中国长春红旗街地下商场	地下商城美食区起火。火灾持续了 1 个多小时被扑灭,无人员伤亡
8	2013 年	中国长春依林小镇地下商城	总面积 2 600 m² 的服装饰品销售商场起火,过火面积约 70 m²。火灾持续了约 1 h,1 人死亡
9	2014 年	中国南通钟楼广场地下商场	中央空调冷却塔起火(可能是由于焊接引燃冷却塔外部泡沫)。火灾持续了 20 多分钟被扑灭,无人员伤亡
10	2014 年	日本札幌三越商场地下仓库	冰箱线路短路导致地下一楼仓库中的布料起火

1.3 地下空间火灾原因及特点

1.3.1 道路隧道火灾

火灾是一种伴随发热、发光的剧烈燃烧过程,其发生需同时具备三个条件:可燃物、助燃物和火源。通过道路隧道的车辆中,汽车本身是可燃的,其他的如油罐车、装载易燃易爆物品的货车,其装载的油品一般为原油或石油制品(汽油、煤油、柴油等),这些油品都是低闪点的易燃液体(表 1-4),在常温、常压下就能挥发出多种易燃、易爆的碳氢混合气体。通风提供的氧气是很好的助燃物,当氧气与易燃、易爆气体混合的浓度处在爆炸极限范围内时,若遇明火,就会发生爆炸。

表 1-4　　　　　常见可燃物的性质

名称	闪点/℃	燃点/℃	爆炸极限/%	
			爆炸下限	爆炸上限
汽油	−45～10	415～530	1.3	6.0
煤油	28～45	380～425	0.6	8.0
柴油	50～90	300～380	0.6	6.5
原油	—	350	1.1	6.4
木材	—	250～350	—	—
纸张	—	130～230	—	—

续表

名称	闪点/℃	燃点/℃	爆炸极限/%	
			爆炸下限	爆炸上限
棉花	—	150	—	—
甲烷	—	537	5.0	—
乙烷	—	472	3.12	—
丙烷	—	446	2.9	—
丁烷	—	430	1.9	—
甲醇	—	470	—	—
乙醇	—	414	—	—

通过分析国内外火灾案例,道路隧道火灾的原因可归纳为以下三类:

(1) 车辆自身机电设备故障导致起火(发动机起火、轮胎起火、变速箱起火、刹车起火、电瓶起火、燃油泄漏起火等);

(2) 车辆撞击等交通事故(车辆撞击油箱起火等);

(3) 车辆装载货物起火(如易燃易爆物品爆炸起火、易燃物品过热起火等)。

图 1-1 给出了道路隧道火灾形成原因统计图(强健,2006),从中可以看到,车辆自身故障起火以及车辆交通事故是诱发道路隧道火灾的两个主要因素,其引发的火灾事故比例约为97.44%。此外,随着经济的发展,化学危险品的用量越来越大。据统计,近几年每年公路运输危险货物约1亿~2亿 t,其中易燃易爆的油品类达 1 亿 t。这使得危险品车辆通过隧道的数量和频率都在增长,因此火灾事故也就增多了。分析国内外发生的火灾事故案例(何世家,2002;强健,2007),例如纽约 Holland 隧道火灾、日本铃鹿公路隧道火灾、德国 Moorfleet 隧道火灾、日本都夫良野水下隧道火灾、美国 Caldecott 隧道火灾、法国-意大利间

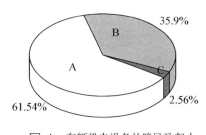

□ A—车辆机电设备故障导致起火
■ B—车辆撞击等交通事故
■ C—车辆装载货物起火

图 1-1 道路隧道火灾形成原因统计图

勃朗峰隧道火灾以及中国甬台温高速猫狸岭隧道火灾,可以发现由于危险品起火而引发火灾的频率是相当高的,约为 7.8 次/(亿台·km)(王新钢等,2005)。而且,由于危险品燃烧猛烈、扑救困难,往往造成巨大的财产损失和人员伤亡。

通过对国内外道路隧道火灾事故的分析,可以看到,道路隧道火灾的发生、发展具有以下特点:

(1) 当发生火灾时,隧道内温度有一个急剧增加的过程,一般在起火后的 2~10 min 内,温度即达到最高。

（2）隧道内一旦发生火灾,由于烟囱效应,高温烟气会迅速向上下游蔓延。炽热的空气流经途中可把它的热量传递到任何易燃或可分解的材料上,形成火从一个着火点"跳跃"一个长度而引燃下一个燃料火源的现象。

（3）隧道火灾将极大地影响隧道内空气压力的分布,而隧道空气压力的变化可导致通风气流流动速度的变化,比如加减速,或者完全逆向流动。隧道火灾由于有强烈的热,只能从逆风端去救火。然而,烟的这种逆向流动将会阻碍救火工作的进行。

（4）隧道火灾安全疏散困难,由于拥挤及混乱极易引起次生灾害。

（5）隧道火灾升温速度快(具有热冲击的特点)、达到的最高温度高(1 000℃以上)、持续时间长、温度在隧道断面上分布不均匀,大火除了会对隧道内的人员、设备造成巨大伤害外,还会对衬砌结构产生不同程度的损伤,严重降低衬砌结构的安全性。

1.3.2 地铁火灾

通过对国内外地铁火灾事故的分析,图 1-2 给出了诱发地铁火灾的成因统计(强健, 2006)。可以看到,造成城市地铁火灾事故的主要因素有:

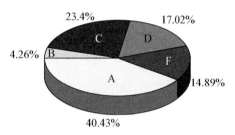

□ A—车辆自身的机电设备故障导致车辆起火
□ B—车辆撞击等交通事故
■ C—纵火等人为因素
■ D—隧道内电缆、电气设备老化及故障起火
■ F—其他原因

图 1-2 地铁火灾成因统计图

（1）车辆自身的机电设备故障导致车辆起火。车辆自身的机电设备故障导致车辆起火引发的地铁隧道火灾占总调研案例的 40.43%,是诱发火灾的最主要因素。车辆机电零部件老化、电气短路等均是造成车辆起火的原因。

（2）纵火等人为因素。纵火、乱丢烟头等人为因素是诱发隧道火灾的重要原因之一。由于人为因素诱发的地铁隧道火灾占总调研案例的 23.4%,典型案例有 1987 年 11 月 18 日发生在英国伦敦地铁隧道国王十字车站的火灾及 2003 年 2 月 18 日发生在韩国大邱市地铁 1 号线中央路车站火灾。

（3）区间隧道内机电设备老化及故障。区间隧道内一般都有一定量的电气和线路设备,由于区间隧道内一般较阴暗、湿度大,在使用期间,电气和线路设备不可避免地会老化和发生故障,导致区间隧道火灾。在实际的地铁火灾案例中,有 17.02% 的火灾是由于此类原因诱发的。

列车撞击事故、维修误操作等因素也会诱发火灾。同时,在调研的 53 起火灾案例中,有 4 起是由车站的商店、餐厅、指挥房等附属设施的火灾诱发的二次火灾。

由于地铁内人员密集,空间相对狭小,疏散救援困难,其火灾具有以下特点(强健,2006):

（1）排烟散热困难、温度高。由于与外部联系通道少,一旦发生火灾,燃烧产生的热量难以散发,会导致温度上升很快,容易较快地发生轰燃。据测试表明:一般"轰燃"的时间为起火后 5～7 min,例如,1987 年伦敦国王十字地铁车站地铁火灾中,起火 6 min 后发生了"轰燃",

导致火势迅速扩大。

（2）高温烟气危害严重。地铁由于入口较少，空气流通不畅，通风不足，氧气供应量不足，火灾时会发生不完全燃烧，致使 CO 等有毒气体的浓度迅速升高，导致严重的人员伤亡。此外，随着高温烟气的扩散流动，还会导致能见度严重降低，影响人员疏散和消防队员扑救火灾。

（3）人员疏散困难。地铁由于受到条件限制，出入口少，人员疏散的距离较长。此外，火灾时出入口处高温烟气的流动方向与人员逃生方向相同，而烟气的扩散流动速度比人群的疏散逃生速度快得多，人们将在高温浓烟的笼罩下逃生，导致能见度降低，使人群心理产生恐慌。同时，烟气中的有些气体，如 NH_3、HF 和 SO_2 等的刺激会使人的眼睛睁不开，人们心理会更加恐惧，可能会瘫倒在地或盲目逃跑，造成不必要的伤亡（邓艳丽，2005）。

（4）火灾扑救困难。地铁发生火灾时，由于环境的封闭性，火灾位置及火场实时信息难以准确获知，再加上灭火线路少，使得火灾的扑救异常困难。

1.3.3　地下街火灾

地下街及地下商场火灾表现出以下特点（程群，2006）：

（1）火灾升温快，易产生"轰燃"。地下街火灾时高温烟气很难排出，散热缓慢，内部空间温度上升快。研究表明，地下建筑比地上建筑较易出现"轰燃"现象，且出现时间较早。当温度上升到 400℃ 以上时，会在瞬时由局部燃烧变为全面燃烧，室内温度从 400℃ 猛升到 800～900℃。

（2）火灾会产生大量有毒烟气。在地下商场中，存在大量由棉、毛、麻、化学纤维、橡胶、塑料、木材、油漆、高分子材料等为原料制成的商品，由于不完全燃烧，会产生大量的有毒（剧毒）气体，造成人员伤亡。据统计，火灾中约80％的死亡人数是吸入有毒、有害的烟气而窒息身亡的。此外，地下街由于其封闭性，一旦着火，内部含氧量会急剧下降，而当含氧量达 10％～14％时，人就会因缺氧失去对方向的判断能力，当含氧量达 6％～10％时人会晕倒，达 5％时则仅需几分钟人即会死亡。

（3）烟气阻碍人员逃生。火灾烟气具有减光性和刺激性，当烟气弥漫时，可见光因受到烟粒子的遮蔽而大大减弱，能见度大大降低。此外，地下街的照明以人工照明为主，采光本来就差，加上烟气的影响，使地下建筑内能见度下降，而烟气中有些气体对人的眼睛有强烈的刺激作用，如 HCl、NH_3、SO_2、Cl_2 等，使人睁不开眼睛，从而使人们在疏散过程中的行进速度大大降低，安全疏散受到影响。

（4）出入口少，救援困难，火灾持续时间长。地下街出入口少，火灾时，高温烟气的蔓延方向与人员逃生方向一致，人员逃生时往上走，火灾烟气也是向上扩散，致使人们无法逃脱烟气流的危害。火灾发生后，浓烟从出入口滚滚而出，使救援人员无法接近实施救援，从而延误救援时间。

1.4 地下空间防火与安全现状及发展趋势

1.4.1 国内外相关的研究组织及机构

国际隧道与地下空间协会（原国际隧道协会）（International Tunnelling and Underground Space Association，ITA）下设两个工作组开展隧道及地下工程火灾安全方面的研究：

（1）Working Group 5 Healthy and Safety；

（2）Working Group 6 Repair and Maintenance of Underground Structures。

此外，2005 年新成立了 COSUF（the ITA Committee on Operational Safety of Underground Facilities），进行地下空间安全运营方面的研究。

ITA 发布的关于隧道火灾的指导性标准主要有：*Guidelines for Good Occupational Health and Safety Practice in Tunnelling*（WG 5）和 *Guidelines for Structure Fire Resistance for Road Tunnels*（WG 6）。

国际道路协会 PIARC（Permanent International Association of Road Congress）C5 技术委员会（PIARC Committee on Road Tunnels）下设有 Working Group No. 6 Fire and Smoke Control 工作组，开展隧道火灾方面的研究工作（Bendelius，2002）。

PIARC 发布的关于隧道火灾的指导性标准主要有 1999 年的 *Fire and Smoke Control in Road Tunnels*，05.05.B（内容主要包括火灾和烟雾控制、火灾风险和火灾设计；烟流行为；火灾通风和烟流控制；紧急出口和安全设备；隧道衬砌火灾反应和耐火性能；应急管理等）；2002 年的 *PIARC Proposal on the Design Criteria for Resistance to Fire for Road Tunnel Structures* 和 2004 年的 *Systems and Equipment for Fire and Smoke Control in Road Tunnels*。

除了这两大国际组织外，目前国际上在隧道防火领域研究活动活跃且处于领先地位的研究机构还有：荷兰 TNO（Netherlands Organization for Applied Scientific Research），瑞典 SP Fire（Swedish National Testing and Research Institute），德国 STUVA（Research Association for Underground Transportation Facilities），挪威 SINTEF/NBL（Norwegian Fire Research Laboratory）以及瑞士 VSH（VersuchsStollen Hagerbach AG Hagerbach Test Gallery Ltd.）等。值得一提的是瑞士 VSH Hagerbach Test Gallery 已建立了长达 5.5 km 的地下隧道设施，可以开展隧道火灾探测、材料耐火试验、隧道灭火试验以及消防员训练（Wetzig，2004）。

在隧道火灾会议交流方面，除了两大协会 ITA、PIARC 各自的年会外，目前在欧洲举行的国际会议包括：International Symposium on Tunnel Safety and Security 以及 International Symposium on Catastrophic Tunnel Fires 等。

国内 2010 年成立了隧道及地下空间运营安全与节能环保专业委员会，已组织了系列会议,探讨隧道及地下空间防灾与运营安全方面的问题。

1.4.2 国内外开展的隧道及地下空间防火安全研究工作

欧洲是世界上开展隧道火灾研究最为活跃的区域。已开展和正在进行的防火研究项目主要有(Haack,1998,2006;Høj 等,2003;Both 等,2003a;闫治国等,2004;Kratzmeir,2006):

1) EUREKA EU 499:FIRETUN — Fires in Transport Tunnels

1990—1992 年,由德国 STUVA 和 iBMB 发起,芬兰、挪威、奥地利、法国、英国、意大利、瑞典、瑞士等国家参与进行了该项目。项目共进行了 20 多次足尺火灾试验,试验目的是研究火灾时隧道内的温度分布及高温对衬砌结构的损伤。

2) DARTS(Durable and Reliable Tunnel Structures)

该项目由 8 个欧洲研究机构发起,于 2001 年 3 月启动,历时 3 年。项目研究内容和取得的成果包括:形成了考虑结构可靠度、技术实力、地层状况、服务寿命设计、灾难设计、环境因素、社会因素、耐久性以及经济因素等在内的一套集成的隧道设计流程。

3) FIT(Fire in Tunnels)

该项目 2001 年启动,历时 4 年,12 个欧洲国家的 33 个机构参与。该项目的目的是建立一个发布和共享隧道火灾研究成果的平台(基于 Internet 的火灾咨询数据库),并为火灾设计、火灾安全管理等提供建议。该平台涵盖了公路、铁路和地铁隧道火灾。数据库的内容包括:①当前隧道火灾安全的研究项目情况;②世界各国隧道火灾试验场所的分布和相关信息;③隧道火灾相关的数值模拟软件综述;④隧道火灾安全装备方面的数据;⑤隧道火灾的评估报告;⑥世界各国隧道安全性提升方面的研究综述和研究活动分布。

4) UPTUN(Cost - effective,Sustainable and Innovative UPgrading Methods for Fire Safety in Existing TUNnels)

UPTUN 是 Cost-effective,Sustainable and Innovative UPgrading Methods for Fire Safety in Existing TUNnels 的缩写,是由欧洲委员会(European Commission)发起,邀请 41 位隧道专家建立的一个针对欧洲既有隧道火灾安全的大型研究项目。该项目于 2002 年 9 月 1 日启动,共投资 1 300 万欧元,研究时间为 4 年。

(1) UPTUN 项目产生的背景。欧洲经济的正常运转和发展离不开可靠的交通系统(隧道是其重要组成部分),但大部分既有隧道的火灾安全系统是根据 20 年前的交通状况和当时预计的远期交通量设计的。现在随着交通量的飞速增长和交通组成的变化(装载易燃易爆物品车辆通过隧道的比例增高了),使得:

① 火灾本身造成的灾难巨大,同时,也阻碍了隧道技术的发展,使得长隧道方案由于火灾而难以采用。

② 潜在的火灾危险性也阻碍了人们对隧道的使用。由于减少了对隧道的使用,导致了其他交通系统的拥挤,加剧了噪声、空气污染,产生了不良的环境和健康后果。

同时,从技术上考虑,隧道防灾现在也面临着一些问题:

① 在现有技术条件下,改进既有隧道的安全水平,多数情况下不可行或成本非常高。

② 目前的防火安全设计方法还是基于惯例而非理性的方法。而且,防火安全很少被看作是一个包括了事故概率、火灾后果、人的反应、结构的反应、紧急响应梯队以及隧道管理者等所有方面的相互关联的整体。

鉴于上述情况,欧洲开展了 UPTUN 项目,以改善既有隧道的安全状况。

(2) UPTUN 项目背景和主要目标。

① 发展新的隧道火灾探测、监控、减灾方法,包括人的行为反应研究以及隧道结构的防护措施等。

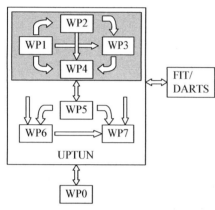

图 1-3 UPTUN 项目的工作流程

② 发展、验证和完善合理的隧道防火安全等级评估方法,包括决策支持模型、信息分发等。

此外,也希望通过这个项目的实施,恢复人们对隧道作为安全可靠交通系统的信任,消除怀疑隧道安全性的舆论对商业所产生的影响以及加强人们对隧道防火研究必要性的认识。

(3) UPTUN 项目的组织与实施。UPTUN 项目组围绕欧洲隧道安全协会组建,成员基本上覆盖了所有的相关专业。

项目的科研工作由 7 个工作组(Work-packages)来承担。项目的科研流程如图 1-3 所示。工作组分类及相应的研究内容如表 1-5 所示。

表 1-5　　　　　　　　UPTUN 项目工作组及主要的研究内容

工作组及任务	研究方向	目标
WP0	项目管理	
WP1 火灾预防 和监控	对欧洲既有隧道进行分类和统计	以科学手段对欧洲既有的隧道进行分类
	火灾原因和火灾预防方法的调研	确定可能引起火灾事故的概率;通过调研改进现有防灾方法以减少火灾事故
	既有火灾监控系统的状况	从既有的火灾监控技术中筛选出可能是合适的技术;调研既有火灾检测系统的可靠性
	探测移动火源及隧道外火灾的全新技术	发展全新的技术来探测火灾荷载和火灾的发展
	实现建议的火灾解决方法及模型试验	通过小比例模型试验,评价研究出的新系统的可靠性、准确性和耐火性等性能,并根据试验成果改进既有系统的性能

续表

工作组及任务	研究方向	目标
WP2 火灾的发展过程 和灭火方法	发展可行的火灾设计模式	提供设计用的火灾模式,该模式被用来检验 WP2 提供的消防系统的效率
	定义可以接受的火灾标准	通过运用该描述火在隧道中扩散的标准,来得到最优的隧道减灾系统
	评估既有隧道安全状况及当前防灾技术	建立既有技术性能的知识库,为发展新技术提供参考
	研究新的、创造性的防灾技术	把研究出的新消防系统作为单个系统或与其他系统组合用在隧道中,核实并改善该消防系统的效率,重点是它的经济性
	工程指导和工程运用	确定影响新系统性能的参数,提供如何设计可靠消防系统的指导纲领,并预测效用
WP3 火灾情况下人 的反应	回顾	收集当前欧洲隧道中运用的设计方法和安全措施
	隧道使用者的反应	如何发布火灾信息;隧道使用者明白所处状况时需要时间以及如何选择逃生路线
	隧道管理员	分析隧道管理员的职责:如何及时获得火灾信息;漏报事故的原因;如何作出决策;当在短时间内发生几起事故时,他们如何处置;如何与紧急救援队进行联系
	紧急救援队	为保证工作的有效和实时,需要采用同步管理;他们从隧道管理员或隧道使用者处获得火灾信息;他们需要采取的方法;需要动用的人数;指挥队员协同工作
WP4 火灾影响及隧道 性能:系统结构 的火灾反应	隧道结构的性能及抗火能力	混凝土承重单元抗火性能的研究。这对随后发展新的消防方法以避免或限制结构的损伤到一个可以接受的水平,以及提供快速的隧道结构修复方法都很有帮助
	改善构件的耐火性能	对于单个试件,通过数值分析和火灾试验,建立耐火性与暴露在火中时间的函数关系
	新的隧道火灾损伤评估,修复方法	快速评估隧道的火灾损伤程度;建议和应用足够的隧道修复方法
	对全新的解决方法的建议	对当前隧道设计中存在的不合适地方,提出创新的方法;研究和核实可供选择的优化方法及先进的工程解决方案;提供如何减弱或消除火灾时混凝土爆裂的对策
	安全等级评估/工程指导和工程实现	在前述研究成果基础上,给出清晰的在既有配置基础上隧道系统的安全水平

续表

工作组及任务	研究方向	目标
WP5 安全等级评估和 既有隧道的改进	确定表征隧道安全程度的特征量	保证被评估的安全特征量能够以一种合理的方法明确地确定
	设置评估安全水平及系统失效的标准	保证评估标准是在考虑不同安全特征量相互作用基础上以合理的方法清晰定义
	隧道安全的整体评估和既有隧道安全的改进	基于隧道使用者和结构的风险预测,建立一套工作程序"UPGRADE"。允许从微观和宏观上对隧道改善前和改善后的风险预测的评估进行社会经济影响的评价
	工程实例:既有隧道安全性的改进	说明评估方法和隧道安全状况改善程序的实际工程运用
	对提高火灾安全性进行金融、社会经济、宏观经济和环境影响评价	论证 UPTUN 项目的成本效率;评价它的广泛的社会经济影响
WP6 火灾影响及隧道性能:系统响应	说明	设计足尺模型试验,该试验说明了系统的相互作用,而且验证了前面试验的有效性
	改善之前的隧道示例	设置一个参照水平,通过确定没有改善的隧道的安全水平,用以说明新方法或新方法的组合的积极效果
	改善之后的隧道示例	调研新方法的性能以确定他们的实际效果;为其他工作组的模型试验收集有效信息
	结果分析和对理论模型的确认	为理论模型提供确认资料;为大规模的数据收集和分析提供建议
WP7 提高,成果发布、培训和社会经济影响	微观、宏观经济和社会影响的研究	—
	处理和其他项目及欧洲隧道安全委员会的相互关系	开展与 DARTS、FIT、Safe-T 以及其他在研项目的合作
	发布研究成果	为政府主管部门、隧道管理部门等分发足够的信息
	教育和培训	为工程师和技术员提供信息、教育和培训
	进一步提高	进一步改善隧道安全状况;为所有与隧道安全有关的人提供容易接受的方法、工具

5) Safe Tunnel(Safety in Road Tunnels)

该项目 2001 年启动,历时 3 年,共有 9 个研究机构参与。项目的主要目的是减少公路隧道火灾事故的数量和引起的后果。

6) SIRTAKI(Safety Improvement in Road & Rail Tunnels using Advanced Information Technologies and Knowledge Intensive Decision Support Modes)

该项目由 12 个欧洲机构发起,于 2001 年启动,历时 3 年。项目的主要研究目标是改革目前隧道安全和应急的运营管理理念。

7）Virtual Fires（Virtual Real Time Emergency Simulator）

该项目 2001 年启动,历时 3 年,共有 8 个研究机构参与。项目的主要研究目标是开发可行的隧道火灾模拟系统,以便消防队员在计算机模拟的虚拟火灾场景下进行隧道灭火的训练。

8）Safe-T（Safety in Tunnels）

该项目 2003 年启动。项目的主要目标是通过调研、评估收集的火灾实践信息,为欧洲隧道的火灾安全提供全面可行的解决方案(包含人员逃生、事故管理、风险评价、交通控制、立法、技术标准以及培训等)。

9）L-surF（Design Study for Large Scale Underground Research Facility on Safety and Security）

该项目 2005 年启动,历时 3 年。该项目的研究目标是:①克服目前欧洲隧道火灾研究主要以国家为单位的模式,形成系统的能够充分共享资源的包含研究、培训、教育等成体系的泛欧洲研究实体 L-surF,使得 L-surF 在欧洲的地下空间安全研究领域发挥主要的作用;②以 L-surF研究实体为依托,建立大型的隧道及地下空间火灾安全研究设施(试验设备及模型隧道等)。

10）SOLIT（Safety of Life in Tunnels）

该项目在德国开展,主要研究内容包括:①水喷淋系统用在隧道内的可靠性和生命周期;②建立隧道内水喷淋系统的试验和性能评估方法。该项目建立了足尺火灾模型隧道进行试验。模型隧道长 600 m,断面高 8.15 m,支持纵向/横向通风,配备有先进的数据测量、采集系统,如图 1-4 所示。

图 1-4 SOLIT 项目模型隧道(Kratzmeir, 2006)

此外,1987 年,为研究在乘客与车辆不分离的情况下,通过海峡隧道的安全性,欧洲进行了隧道内火灾发展过程、火灾在隧道内车辆间的传播特性的试验以及足尺隧道内的疏散试验(高伟译,1994)。2002 年,为了检验修复后的 Mont Blanc 隧道的火灾安全性,对隧道内的通风系统、逃生救援系统进行了火灾试验(Bettelini,2002)。

美国在隧道火灾方面进行的研究主要有:1993—1995 年,美国马萨诸塞州高速公路局和联邦公路管理局在弗吉尼亚纪念隧道(Memorial Tunnel)进行的足尺火灾通风试验,即MTFVTP(Memorial Tunnel Fire Ventilation Test Program)。项目的主要目标是研究不同通风系统的烟气控制效果以及泡沫喷淋对油池火灾的作用(PIARC，1999；Lönnermark 和 Ingason，2005；王晔，2001)。日本在隧道火灾方面研究主要有：2001 年开展的大断面公路隧道足尺火灾试验(Takekuni 等，2003)；盾构隧道复合管片耐火试验(Ono，2006)，以及早期进行的宫古线列车火灾试验(涂文轩，1997)等。

国内结合大量的长大隧道工程及地下空间工程，开展了系列的防灾与安全研究。例如，针对秦岭终南山特长公路隧道(18 km)而开展的系统的防灾救援技术研究(《秦岭终南山特长公路隧道防灾救援技术研究》)。该项目通过大比例火灾模型试验，对长大公路隧道内火灾规律、竖井模型下的火灾通风技术、紧急逃生策略等进行了深入的研究(Yan 等，2006a,b；闫治国和杨其新，2003；闫治国等，2005；闫治国等，2006)。戴国平等(2002)对二郎山公路隧道火灾后的通风对策及应对措施进行了探讨。

1.4.3　相关规范、标准、导则

国际隧道与地下空间协会 WG6 发布了 *Guidelines for Structural Fire Resistance for Road Tunnels* 导则，对公路隧道衬砌结构防火中火灾场景的确定、隧道分类、衬砌材料高温性能、防火保护措施等提出了相应的建议和要求，该导则仍是处方式设计，没有体现性能化设计的思想(ITA，2005)。

国际道路协会 PIARC 的 WG6 于 1999 年发布了 *Fire and Smoke Control in Road Tunnels* 05.05.B，2002 年发布了 *PIARC Proposal on the Design Criteria for Resistance to Fire for Road Tunnel Structures*，2004 年发布了 *Systems and Equipment for Fire and Smoke Control in Road Tunnels* 等导则，在隧道火灾场景确定、烟流控制、结构耐火设计准则等方面提出了详细的要求和建议(PIARC，1999，2002，2004)。

欧盟对欧洲的公路、铁路隧道发行了指导性文件，包括(Haack，2006)：①*Directive 2004/54/EC Minimum Safety Requirements for Tunnels in the Trans-European Road Network*；②*Directive 2004/49/EC Safety on the Community's Railways*；③*Directive 1995/18/EC The Licensing of Railway Undertakings*(修订版)；④*Directive 2001/14/EC The Allocation of Railway Infrastructure Capacity and the Levying of Charges for the use of Railway Infrastructure and Safety Certification*。

2001 年世界经济合作与发展组织 OECD(Organization for Economic Cooperation and Development)与国际道路协会 PIARC 发布了报告 *Safety in Tunnels-Transport of Dangerous Goods through Road Tunnels*，对危险品通过隧道建立了风险评估和决策支持系统。

德国 1985 年制定了 *RABT Guidelines for Equipment and Operation of Road Tunnels*，1994 年进行了第一次修订，2003 年进行了第二次修订。1995 年又制定了 *ZTV-Tunnel Additional Technical Conditions for the Construction of Road Tunnels*，对隧道内升温曲线以及结构的防火措施进行了规定。铁路隧道方面，1997 年德国制定了 *EBA-Rail Structural and Operational Demands for the Protection against Fire and Catastrophes in Railway Tunnels*，对隧道内逃生通道、紧急出口、照明、信号指示、紧急通讯等进行了规定。地铁隧道方

面,德国 1987 年制定了 *Guidelines for Construction and Operation of Trams and Subways*,1991 年制定了 *BOStrab - Tunnel Construction Guidelines*,对隧道出口、紧急通道、紧急照明、供电等进行了规定(Haack,2006)

荷兰制定了 *TNO 98-CVB - R1161 Fire Protection for Tunnels*、*TNO BI - 86 - 64/00.65.8.0020 Specifications for Temperature Resistance of Boosters and Description of Testing Method*,对隧道火灾场景确定、隧道衬砌结构耐火测试方法进行了规定(RWS,1998;FIT,2002)。

英国制定了 *BD78/99 Design Manual for Roads and Bridges*,用于指导运用消防安全工程方法对隧道进行防火设计(FIT,2002)。

法国 2002 年制定了 *Risk Studies for Road Tunnels*,*Methodology Guideline*(*Preliminary version*),给出了典型火灾热释放率,CO、CO_2 生成量及氧消耗量的取值(FIT,2002)。

瑞士联邦公路办公室 ASTRA(Swiss Federal Roads Office)制定了 *Guidelines for the Design of Road Tunnels* 以及 *Ventilation of Road Tunnels*,*Selection of System*,*Design and Operation*(2001)(FIT,2002)。

挪威 2000 年发布了隧道火灾风险分析导则 *Risk Analysis of Fire in Road Tunnels*(*Guideline for NS 3901*),给出了用于风险分析的隧道火灾场景(FIT,2002)。

瑞典制定了 *Tunnel 99*,其中第四节对隧道防火作了专门规定,包括火灾探测、烟流控制、逃生救援等内容(FIT,2002)。

美国消防协会 NFPA 制定了 *NFPA 502 Standard for Road Tunnel*,*Bridges*,*and other Limited Access Highway*,对不同类型隧道的消防要求进行了规定,包括火灾探测、火灾通风、火灾消防设备(NFPA,1998)。美国联邦公路管理局 FHWA(1984)发布了报告 *Prevention and Control of Highway Tunnels Fires*(FHWA/RD - 83/032),对既有、新建隧道的火灾逃生、火灾风险分析及控制、火灾损害以及火灾救援等提供了建议。

澳大利亚制定了基于性能化设计的工程标准 *BSS 02 Engineering Standard - Design and Installation-Tunnel Fire Safety - New Passenger Railway Tunnels*,对电气化铁路新建隧道及既有隧道改扩建中的防火设计(通风、照明、结构、消防、报警等)进行了详细的规定(ARTC,2005)。

日本制定了《日本建设省道路隧道紧急用设施设置基准》,根据隧道长度和交通量对公路隧道的火灾防护提出了要求(倪照鹏和陈海云,2003;张硕生等,2003)。

我国《公路隧道设计规范》(JTG D70 - 2004)、《地铁设计规范》(GB 50175—2013)、《建筑设计防火规范》(GB 50016—2012)、《汽车库、修车库、停车场设计防火规范》(GB 50067—1997)、《公路隧道通风设计细则》(JTG - TD70 - 2 - 02 - 2010)、《火灾自动报警系统设计规范》(GB 50116—2013)、《人民防空工程设计防火规范》(GB 50098—2009)、《线型光纤感温火灾探测器》(GB/T 21197—2007)、《线型光纤感温火灾探测器》(GB/T 21197—2007)、《公路隧道火灾报警系统技术条件》(JT/T 610—2004)、《光纤光栅感温火灾报警系统设计、施工及验收规范》(DB34/T 856—2008)以及《公路隧道消防技术规程》(DBJ 53 - 14 - 2005)等这些规范、标准对道路隧道、地铁及其他地下工程的火灾报警、通风排烟、消防与疏散救援等做了相关规定。

2　隧道火灾特性

2.1 火灾时隧道温度烟气场特征及变化规律

2.1.1 概述

影响隧道内火灾时温度发展状况的因素包括（AFAC，2001；ITA，2005；PIARC，1999）：

（1）隧道长度及通行方式（单向或双向）；

（2）交通组成及车流密度（小汽车、客车、货车、危险品车辆等）；

（3）货物种类及数量；

（4）隧道的通风模式及通风能力；

（5）隧道内配置的主动消防灭火设备（如水喷淋等）对火灾蔓延的控制能力；

（6）消防力量到达隧道的时间及开展灭火工作的难易程度。

本书从案例调研、火灾试验和理论分析三个方面着手，通过对大量火灾案例和火灾试验成果的研究，探讨了火灾时隧道温度烟气场特征及变化规律。火灾案例方面，对1947年以来世界各国发生的114个火灾案例进行了收集、整理和分析，如表2-1所示。火灾试验方面，收集了世界各国进行的有代表性的20次火灾试验中的123个试验的数据，如表2-2所示。

表2-1　　　　　　　　　　　　　火灾案例

序号	隧道类别	案例数	时间跨度
1	公路隧道	44	1949—2005年
2	地铁隧道及其他地下工程	47	1965—2003年
3	铁路隧道	23	1947—2001年
4	总计	114	1947—2005年

表2-2　　　　　　　　　　　　　火灾试验

序号	火灾试验	试验次数	时间跨度	参考文献	参考号
1	欧洲尤里卡火灾试验（EUREKA EU 499）	20/10[①]	1990—1992年	PIARC，1999；Lönnermark，Ingason，2005；Haack，1992；Haack，1998；杨其新，2001	Ref. 1
2	瑞士Ofenegg隧道火灾试验	11/1[②]	1965年	FHWA，1983；Lönnermark，Ingason，2005；Haack，1992；涂文轩，1997；柴永模，2002	Ref. 2
3	奥地利Zwenberg隧道火灾试验	30/2[③]	1976年		
4	英国火灾研究所火灾试验	1	20世纪60年代		
5	英国火灾研究所火灾试验	5	1970年		
6	美国纪念隧道火灾试验（MTFVTP）	92/6[④]	1993—1995年	PIARC，1999；Lönnermark，Ingason，2005；王晔译，2001	Ref. 3

续表

序号	火灾试验	试验次数	时间跨度	参考文献	参考号
7	UPTUN 项目火灾试验:挪威 Runehamar 隧道火灾试验	4	2003 年	ITA，2005；Lönnermark，Ingason，2005；闫治国等，2004	Ref. 4
8	荷兰 TNO 火灾试验	3	1979 年	Both 等，2003b	Ref. 5
9	秦岭特长公路隧道火灾试验	60	2001—2004 年	Yan 等，2006a，b；闫治国，杨其新，2003；闫治国等，2005；闫治国等，2006	Ref. 6
10	日本商业和教育研究所汽车火灾试验	1	—	AFAC，2001	Ref. 7
11	汽车燃烧试验	2	—	AFAC，2001；Shipp 和 Spearpoint，1995	Ref. 7
12	汽车燃烧试验	1	—	Mangs 和 Keski-Rahkonen，1994	Ref. 7
13	德国卡尔斯鲁厄大学火灾防护研究所汽车燃烧试验	1	—	程远平等，2002	Ref. 7
14	日本大断面公路隧道火灾试验	10	2001 年	Takekuni 等，2003	Ref. 8
15	日本宫古线列车火灾试验	1	1974 年	涂文轩，1997	—
16	韩国大邱公路隧道火灾试验	6	—	Kim 等，2003	Ref. 9
17	德国地铁火灾试验	1	1985 年	Haack，1992；FHWA，1983；El-Arabi 等，1992；涂文轩，1997；柴永模，2002	Ref. 10
18	中国铁路隧道火灾试验	4	1995 年	曾巧玲等，1997；涂文轩，1997；柴永模，2002	Ref. 11
19	秦岭铁路隧道烟囱效应火灾试验	1	—	柴永模，2002	—
20	荷兰第二 Benelux 隧道火灾试验	3	2001 年	Lönnermark，2005	—

注:① 共进行了 20 次试验,查到的资料为其中的 10 次试验。
② 共进行了 11 次试验,查到的资料为其中的 1 次试验。
③ 共进行了 30 次试验,查到的资料为其中的 2 次试验。
④ 共进行了 92 次试验,查到的资料为其中的 6 次试验。

2.1.2　火灾升温速率

隧道火灾由于环境的封闭性,与开敞空间火灾相比,一个显著的特点是初始升温速率相当快,一般在几分钟的时间即可升高到 1 000℃以上。如图 2-1 所示,Ref. 6 火灾试验中,起火后 2～10 min 内,温度即达到最高。同时,升温速率与最高温度并不同步,起火后 2～4 min,升温速率即达最大值,之后温度才达到最高值。

图 2-2 给出了不同类型车辆燃烧时的等效升温速率($\dot{T} = T_{max}/t_{max}$)。图中,标准火灾曲

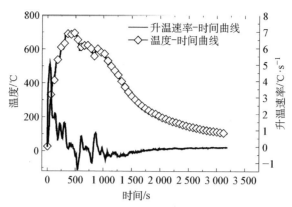

图 2-1　自然通风时温度、升温速率随时间的变化(Ref.6)

线的等效升温速率取 5 min 时达到的最高温度进行计算。其余试验值根据试验实测曲线的最高温度和达到最高温度的时间进行计算。值得注意的是,车辆(货物)火灾试验中,由于点燃初期燃烧比较缓慢,会形成一个平缓的台阶(图 2-3、图 2-4),在计算到达最高温度的时间时,扣除了这部分时间。

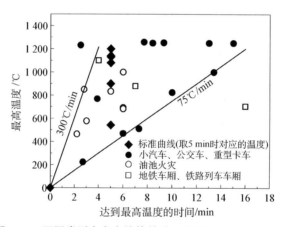

图 2-2　不同类型火灾中的等效升温速率(Ref.1—Ref.11)

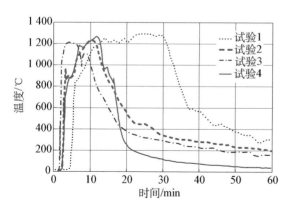

图 2-3　重型卡车火灾试验中温度随时间的变化(Ref.4)

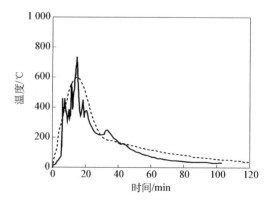

图 2-4　汽车燃烧试验中温度随时间的变化(Ref.7)

通过对试验结果的总结分析,可以得到如下结论:

(1) 隧道火灾具有升温快的特点,一般在 2～15 min 内即可达到最高温度,对应的升温速率为 75～300℃/min。同时,可以看到油池火灾的升温速率偏大,而汽车(货物)等实体燃料的升温速率要小于油池火灾的升温速率。这表明,对于涉及油料的火灾需要取较大的升温速率,而对于燃烧普通非易燃物品(不包括油料)的火灾应取相对较低的升温速率。

(2) 不同类型车辆表现出不同的温度变化过程。如图 2-5、图 2-6 所示,Ref.1 中,重型卡车、公交车、小汽车、地铁车厢均燃烧迅速,升温速率较大。

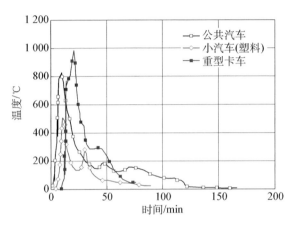

图 2-5 不同类型车厢燃烧时的温度-时间曲线(**Ref.1**)

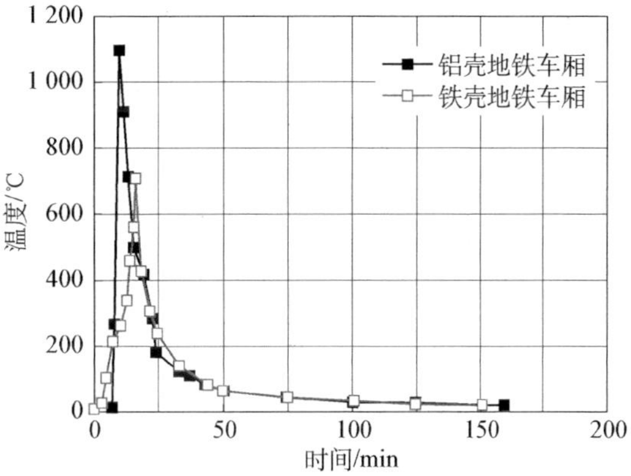

图 2-6 不同类型车厢燃烧时的温度-时间曲线(**Ref.1**)

(3) 不同车辆燃烧时的热释放率峰值和到达热释放率峰值的时间表现出不同的规律(图 2-7)。从小汽车燃烧的试验结果来看,无论是 1 辆车燃烧还是 2 辆车燃烧,到达热释放率峰值的时间变化范围较广,1 辆车燃烧时为 8～36 min,2 辆车燃烧时为 13～55 min;目前,有关公交客车火灾试验开展得较少,能够收集到的试验结果也不多,从现有的试验结果来看,尽

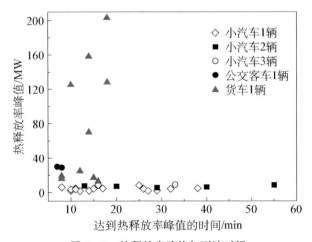

图 2-7 热释放率峰值与到达时间

管试验的条件(场地、通风速度)都不相同,但它们到达热释放率峰值的时间和热释放率峰值的大小相近;重型货车到达热释放率峰值的时间变化范围相对较窄,为6~18 min。尽管试验结果的离散性较大,但一定程度上仍反映出了车辆类型和数量对热释放率峰值和到达热释放率峰值时间的影响。总体上来看,热释放率峰值:小汽车<公交客车<货车,到达峰值的时间:公交客车<货车<小汽车。

(4) 标准曲线的升温速率(最大250℃/min,最小108℃/min)基本覆盖了火灾试验的升温速率。尽管Ref.4的试验表明,装载普通货物重型卡车的升温速率甚至超过了标准曲线的最大值,但是由于这仅是个例,同时该试验中燃烧物的面积与隧道断面面积(安装隔热板后)相近,因此更容易集聚热量。考虑到实际隧道火灾时,燃烧物相对隧道断面的比值一般小于Ref.4的条件。

2.1.3 火灾中达到的最高温度

火灾中达到的最高温度是表征隧道火灾严重程度的一个关键参数。针对公路隧道给出不同车辆火灾时可能的最高温度以及通风对最高温度的影响。

1. 道路隧道

对于道路隧道可根据交通类型将通行的车辆分为四类:①小汽车;②客车(公交车);③重型货车;④油罐车。根据火灾试验,不同车辆燃烧时最高温度的分布如图2-8所示。

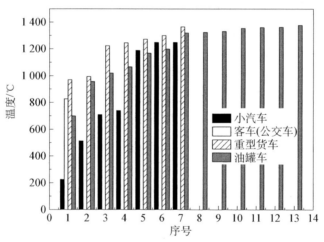

图2-8 不同车辆燃烧时最高温度的分布

从小汽车燃烧试验的结果看,最高温度的变化范围较大。但是由于其中最高温度超过1 000℃的几次试验所得到的最高温度均为车辆附近的温度,没有反映隧道内烟流达到的最高温度,因此,小汽车燃烧达到的最高温度为500~600℃。但是,如果起火隧道断面较小,火灾时火焰可能会接触到隧道衬砌结构,则此时小汽车火灾的最高温度需要提高到1 000℃甚至更高。

对公交车(客车)而言,收集到的试验资料较少,根据 PIARC(1999)的建议值,一般为 800～900℃。

如图 2-9 所示,对重型货车的试验结果表明,重型货车燃烧时最高温度达到 1 200～ 1 300℃,所占的比例约为 57.1%。该温度要比通过火灾案例分析得到的货车的最高温度高。 综合两者的结果,对重型货车火灾最高温度可取为 1 200℃。

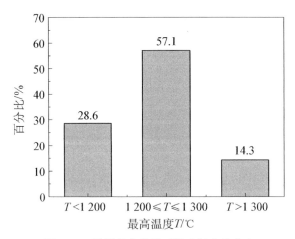

图 2-9　重型货车燃烧时最高温度的分布

此外,上述重型货车火灾试验的成果也表明:

(1) 即使货物中不含有油类等易燃物品,火灾时隧道内的最高温度仍然可能达到 1 000～1 300℃,达到了油罐车火灾的温度等级(Ono,2006)。在 Ref.4 进行的重型卡车火灾试验中, 常规的纤维类和塑料类货物火灾热释放达到了 70.5～202 MW,最高温度达到了 1 365℃。这 表明,对于不允许危险品车辆通行的隧道,在火灾规模上仍然可能达到危险品车辆的等级。

(2) 火灾最大热释放率与火灾中可能达到的最高温度并不成比例,小规模的火灾仍可能 达到很高的温度。例如,Ref.4 中,虽然最大释放率没有达到 RWS 设定的 300 MW,但是最高 温度却达到甚至超过了 RWS 设定的 1 350℃(Lönnermark,2005)。

(3) 最高温度与可燃物的多少也不成比例。在 Ref.4 中,可燃物重量(3 120 kg)仅为试验 1 可燃物重量(10 911 kg)的 28.6%,但最高温度(1 273℃)却与试验 1(1 365℃)相差无几,只 是火灾持续时间要短于试验 1。

对于油罐车火灾而言,由于直接进行点火试验存在困难,因此收集到的试验资料都是基于 油池火灾的成果。从这些试验的结果来看(图 2-10),油罐车火灾的最高温度基本位于 1 300～1 400℃范围内。

此外,对火灾试验成果的分析还表明,通风对隧道内达到的最高温度及热释放率峰值具有 明显的影响,且其影响效果与火灾类型有关。对于小型火灾,增大通风速度可以降低隧道内的 最高温度,但是高温烟雾在隧道内蔓延的范围扩大,火灾的影响范围扩大。而对于大型火灾, 增大通风速度会使得热释放率增大,加剧火灾的发展。如表 2-3 所列,Ref.1 中,尽管两次火

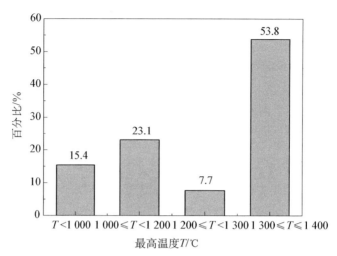

图 2 - 10   油罐车火灾中最高温度的分布

灾试验的总放热量差别不大(87.4 GJ 和 63.7 GJ),但热释放率峰值的差别却非常大:通风速度为 0.7 m/s 时,热释放率峰值为 17 MW,而当通风速度增大到 3~6 m/s 时,热释放率峰值达到了 128 MW。在 Ref.2 中,通风时的热释放率峰值和达到的最高温度明显大于自然通风时的值。

表 2 - 3   通风速度对热释放率的影响

燃料类型及配置	通风速度 /m·s⁻¹	最高温度 /℃	热释放率峰值 /MW	参考试验
满载家具的重型卡车 Leyland DAF 310ATi (2 000 kg),总的热量约为 42.75 MJ,卡车和拖车本身总的热量约为 87.4 GJ	3~6	1 300	128	Ref.1
重型卡车燃料,包括密实堆砌的木婴儿床(重约 2 212 kg)。木婴儿床分两层堆砌,中间为塑料。最上层是塑料和橡胶轮胎。总的塑料重为 310 kg,橡胶轮胎重为 322 kg。总热量为 63.7 GJ	0.7	970	17	Ref.1
油池面积 47.5 m²	1.7	1 325	70	Ref.2
油池面积 95 m²	自然通风	1 020	35	Ref.2

图 2 - 11 给出了小型火灾中,通风速度对最高温度的影响。图中,V 为火灾时的通风速度,m/s;T_{Nature} 为自然通风时隧道内的最高温度;T 为通风速度等于 V 时隧道内的最高温度。可以看到,尽管试验数据有一定的离散性,但是总体变化趋势是一致的,即随着通风速度的增大,隧道内达到的最高温度在降低。

图 2 - 12 给出了大型火灾中,通风速度对最高温度的影响。图中符号含义同图 2 - 11。可以看到,随着通风速度的增大,隧道内达到的最高温度也有一定程度的增大。

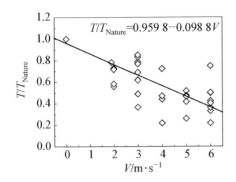

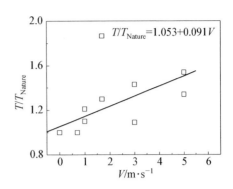

图 2-11 小型火灾(小汽车、小型油池)最高温度 随通风速度的变化(Ref.1—Ref.11)

图 2-12 大型火灾(重型卡车、大型油池等)最高温 度随通风速度的变化(Ref.1—Ref.11)

2. 地铁隧道

根据 Ref.1 和 Ref.10 的试验成果,地铁车厢燃烧时的最高温度分布大致在 700~900℃ 范围内(图 2-13)。

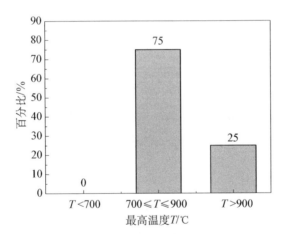

图 2-13 地铁车厢燃烧时最高温度的分布

对上述分析结果进行归纳,可得到不考虑通风影响的情况下,不同车辆类型发生火灾时达 到的最高温度,如表 2-4 所示。

表 2-4   不同类型车辆发生火灾时的最高温度[①]

车辆类型	最高温度/℃	车辆类型	最高温度/℃
小汽车[②]	500~600	油罐车	1 300~1 400
公交车(客车)	800~900	地铁列车	700~900
重型货车[③]	1 200		

注:① 同时参考了 PIARC(1999)、FHWA(1995)、CETU(1993)、AFAC(2001)、Lacroix(1997)、NFPA(1998)的建议值。
② 如果火焰接触到了衬砌,则提高到 1 000~1 200℃。
③ 易燃物品中不包含汽油或者特殊的易燃物品,对于重要的隧道,可以取到 1 300℃。

2.1.4 火灾持续时间

在本书研究中,火灾持续时间是指从起火到火势得到控制并开始降温所经历的时间。火灾持续时间需考虑的因素:

(1)参与燃烧的车辆数。参与燃烧车辆的多少会影响火灾的持续时间,车辆数越多,持续时间越长。火灾案例和火灾试验表明,由于隧道环境的封闭性,火灾极易在隧道内的车辆间蔓延,如果没有主动的消防措施,则燃烧的车辆会越来越多。典型的例子如 1979 年日本 Nihonzaka 隧道火灾中,共有 127 辆卡车和 46 辆小汽车由于火灾蔓延而被卷入其中,导致火灾持续了 159 h。此外,Ref.7 进行的车辆燃烧试验也说明了这一现象:起火后 8.5 min,火灾从着火车辆蔓延到了左侧的车辆;19.25 min 后,火灾又蔓延到了右侧的车辆;23.75 min 后火灾蔓延到了着火车辆尾部的车辆,共计从起火开始直到开始灭火,在 43 min 内共有 8 辆汽车起火(AFAC,2001)。而在 Ref.7 的另一次火灾试验中,汽车前部起火后 13~14 min 火灾蔓延到汽车中部,21~22 min 后火灾蔓延到汽车后部,25 min 时火焰笼罩了整个汽车,燃烧过程持续了大约 60 min。

(2)灭火工作的可能性以及开始灭火的时间。火灾的持续时间还取决于主动消防措施的可能性以及开始灭火的时间。及时开展有效的灭火工作,能够在较短的时间内将火灾扑灭,进而缩短火灾的持续时间。

道路隧道和地铁隧道的火灾持续时间的确定分别阐述如下。

1. 道路隧道

根据隧道火灾案例的调研成果,可以将公路隧道火灾的基准持续时间定为 2 h。实际设计时,应根据交通类型以 2 h 为基准进行调整。如图 2-14 所示,法国给出了根据车辆类型和火灾规模确定火灾持续时间的方法(ESC,2001)。此外,美国 NFPA 502 *Standard for Road Tunnel*,*Bridges*,*and other Limited Access Highway* 规定了公路隧道主体承重构件的耐火极限应为 4 h(NFPA,1998);而瑞典则规定公路隧道主体结构的耐火时间在 HC 曲线下应为 2 h(ITA,1998),实际设计火灾场景时,可以借鉴这些方法和数据。

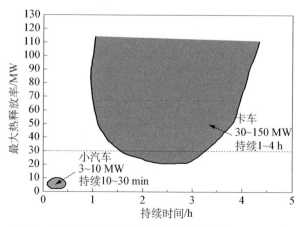

图 2-14 隧道火灾规模与火灾持续时间(ESC,2001)

2. 地铁隧道

对于地铁隧道,根据隧道火灾案例的调研成果,地铁火灾中可能燃烧的车辆数一般为1~2辆,而燃烧2辆占的比重更大一些。根据对地铁列车火灾的理论计算,1辆车的总燃烧热释放率约为10 624.1 kW,燃烧速度约为每小时1~2辆车(李存夫,1995)。根据上述燃烧速度,可将地铁隧道火灾的持续时间定为1~2 h。

2.1.5 降温阶段的温度变化

根据对大量火灾试验数据的分析(图2-15),表明隧道火灾降温阶段的温度变化总体上可以用式(2-1)描述:

$$\frac{T-T_0}{T_{\max}-T_0} = 0.816\mathrm{e}^{-6.27\frac{t}{t_{\mathrm{tot}}}} + 0.857\mathrm{e}^{-0.217\frac{t}{t_{\mathrm{tot}}}}$$
$$- 0.689$$

$$(2-1)$$

式中 T——降温阶段任意时刻的温度,℃;

$T_{\max}$——火灾中达到的最高温度,℃;

T_0——常温,20℃;

t——开始降温起经历的时间,min;

t_{tot}——降温阶段经历的总时间,min。

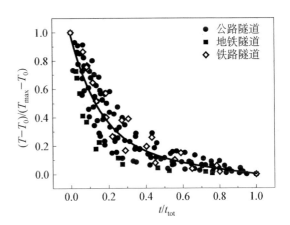

图2-15 隧道火灾降温曲线(Ref. 1—Ref. 11)

2.1.6 温度横向分布

火灾时隧道内温度的横向分布,也即断面上竖向的温度分布。隧道内温度的横向分布受下列因素影响:①隧道断面尺寸与燃烧车辆横断面积的相对大小;②火灾规模的大小;③隧道内的通风状况。

一般情况下,在自然通风状态下,隧道火灾时断面的上部为高温烟气向外流出,断面的下部则是外界新鲜空气向内流入补充。由于高温热烟较轻上升、隧道底部相对有较冷的空气补充和隧道壁面的吸热,因此,在隧道横断面方向,温度场的分布规律是:拱顶处温度最高、拱腰次之,边墙和底部最低,也即随着距离拱顶距离的加大,温度下降(杨其新,2001)。而当隧道内进行机械通风时,由于风流的作用,会加剧热烟气流的紊动,使得热烟气流充满整个隧道断面,导致温度的横向分布趋于均匀,在火源附近,甚至路面附近的温度会超过拱顶的温度。

图2-16给出了不同类型车辆发生火灾时隧道断面上的温度横向分布。可以看到,对于汽车火灾,断面上温度的横向分布规律为:①当通风速度较小时,表现为拱顶温度最高,路面附近温度最低,大致按照线性规律过渡;②随着通风速度的增加,断面上温度分布趋于均匀,此时拱顶和路面附近的温度比较接近,但仍可按线性变化考虑。

对于重型货车和公交车等大型车辆而言,由于车辆断面与隧道断面相比较大,断面上的温度分布比较均匀,大致可按均匀分布考虑(图2-17)。

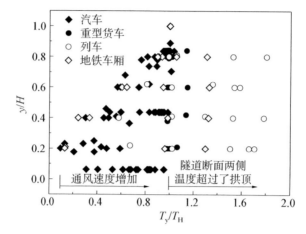

图2-16 隧道温度横向分布(Ref. 1—Ref. 11)

H—隧道断面高度,m;y—断面上任一点距路面的距离,m;T_y—断面上距路面 y 处的温度,℃;T_H—断面拱顶的温度,℃

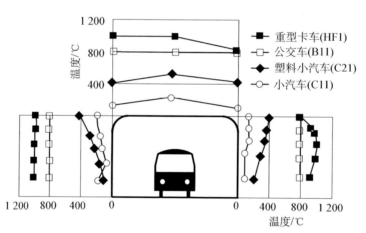

图2-17 小汽车、公交车及重型卡车燃烧时温度的横向分布(Ref. 1)

对于地铁车厢火灾而言,绝大多数试验结果表明,火灾时,隧道内两侧的温度会超过拱顶的温度(火源附近),图2-18给出了地铁车厢火灾试验时钢衬砌内的温度分布,间接反映了隧道内温度的横向分布模式。这一现象可解释为:一方面,车辆断面与隧道断面相比较大;另一方面,车辆顶板限制了火焰的上窜。其分布模式可近似考虑为均匀分布。

同时,对于公路隧道而言,随着越来越多大断面隧道的修建,大断面隧道火灾情况下的温度横向分布规律是一个值得关注的问题。根据 Ref.8 的试验成果(表2-5),三车道大断面隧道与普通两车道隧道相比,同样火灾荷载下,大断面隧道的温度小于两车道隧道,且断面上温度的分布更趋均匀。

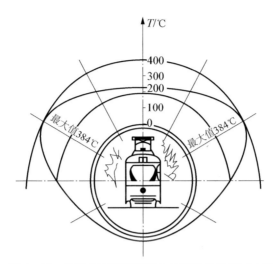

图 2 - 18 地铁火灾时钢衬砌内的温度分布(Ref. 10)

表 2 - 5   **大断面隧道温度横向分布(Ref. 8)**

横向位置	下风侧 10 m 温度/℃		下风侧 20 m 温度/℃	
	大断面隧道	双车道隧道	大断面隧道	双车道隧道
拱顶(8.5/6.5 m)	96	145	29	108
照明设备处(6/4.8 m)	97	129	55	89
逃生区域(1.5/1.5 m)	36	41	6	14

根据前述对隧道内温度横向分布的规律的讨论,在设计火灾场景时,可以根据车辆类型、通风条件按表 2 - 6 选择温度的横向分布模式:

1) 线性分布

$$\begin{cases} T_y = T_R + \dfrac{y}{H}(T_H - T_R) \\ T_R = 0.2T_H \end{cases} \tag{2-2}$$

式中 H——隧道断面高度,m;

   y——断面上任一点距路面的距离,m;

   T_y——断面上距路面 y 处的温度,℃;

   T_H——断面拱顶的温度,℃;

   T_R——断面路面附近的温度,℃。

2) 均匀分布

$$T_y = T_H \tag{2-3}$$

式中 T_y——断面上距路面 y 处的温度,℃;

T_H——断面拱顶(或者隧道两侧)的温度,℃。

表 2-6　　　　　　　　　　　隧道内温度的横向分布模式

序号	车辆类型	通风状况	分布模式
1	小汽车	自然通风	拱顶温度最高,路面附近温度最低,按线性规律过渡;式(2-2)
2	小汽车	通风速度较小时	拱顶温度最高,路面附近温度最低,按线性规律过渡;式(2-2)
3	小汽车	通风速度较大时	拱顶与路面附近温度接近,均匀分布;式(2-3)
4	公交车(客车)	—	拱顶与路面附近温度接近,均匀分布;式(2-3)
5	重型货车	—	拱顶与路面附近温度接近,均匀分布;式(2-3)
6	地铁车厢铁路列车	—	均匀分布,最高温度按两侧温度确定;式(2-3)

2.1.7　温度纵向分布

火灾时隧道内温度的纵向分布,反映了高温烟气的影响范围和火灾的蔓延程度,同时也是进行隧道衬砌结构体系高温力学性能分析的必需参数。在隧道内随着离开火源距离的增大,一方面火源的热辐射迅速减少,另一方面高温热烟气流由于受隧道壁面的冷却,温度逐渐降低。因此,在纵断面方向温度场的变化规律是(图 2-19、图 2-20):随着远离火源点,温度逐渐降低(杨其新,2001)。

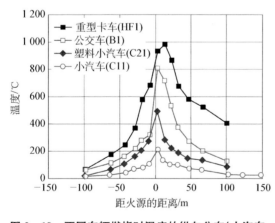

图 2-19　不同车辆燃烧时温度的纵向分布(小汽车、公交车及卡车)(Ref.1)

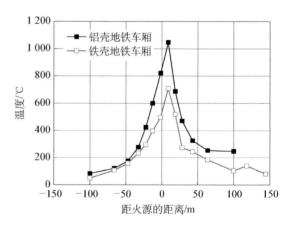

图 2-20　不同车辆燃烧时温度的纵向分布(地铁车厢)(Ref.1)

隧道内温度的纵向分布受下列因素影响:

(1)隧道火灾规模的大小。火灾规模越大,隧道内温度越高,高温烟气纵向扩散的范围越大。

(2)隧道内的通风状况。对于小型火灾,增大通风速度会使火源附近的温度下降,同时热烟气流蔓延的范围扩大,温度的纵向分布曲线变得平坦(图 2-21)。

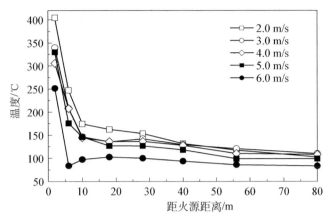

图 2 - 21　通风对温度纵向分布的影响(Ref. 6)

如图 2 - 22 所示,大量的试验成果表明隧道内温度的纵向分布可以用式(2 - 4)描述:

$$\frac{T-T_0}{T_{\max}-T_0} = 0.573\mathrm{e}^{-9.846\frac{x}{L_{\mathrm{tot}}}} + 0.518\mathrm{e}^{-1.762\frac{x}{L_{\mathrm{tot}}}} - 0.089 \tag{2-4}$$

式中　T——距离火源 x 处的温度,℃;

　　　$T_{\max}$——火源处的温度,℃;

　　　T_0——常温,20℃;

　　　x——距火源的距离,m;

　　　L_{tot}——温度降到常温时,距离火源的距离,m。

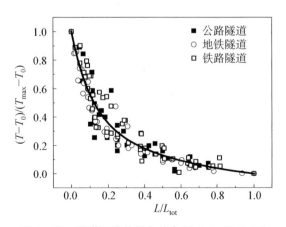

图 2 - 22　隧道温度的纵向分布(Ref. 1—Ref. 11)

2.1.8　影响因素分析

1. 道路隧道

1) 有效的通风和主动消防措施会明显影响隧道火灾的后果

虽然直接从火灾案例无法得到量化的通风对火灾热释放率的影响程度,但是通过对相似火灾事故后果的分析可以发现,及时有效的通风和主动消防措施能够明显地减小火灾达到的高温和持续时间。如1978年美国Baltimore Harbor隧道火灾中,尽管火灾已经蔓延到了油罐车(包括危险品),但是由于消防部门积极采取措施在较短时间内扑灭了火灾,结果隧道衬砌结构基本没有受到损伤。

在这一点上,FHWA(1983)也认为:对于那些及时采取了主动消防措施(通风系统和灭火系统能够很好地发挥作用)的隧道火灾,可以把损失控制到最小,如美国Holland隧道火灾、美国Chesapeake Bay隧道火灾;而对于那些不能(没有)及时采取措施的隧道火灾,火灾会一直持续下去,以致造成严重的后果,如美国Caldecott隧道火灾、日本Nihonzaka隧道火灾以及奥地利托恩隧道火灾。

2) 隧道长度是决定火灾后果的重要因素

尽管隧道火灾后果的严重程度受发生火灾的车辆类型、货物种类、车辆数的直接影响,但是,案例分析同时表明,随着隧道长度的增加,火灾的严重性也在增加。例如,火灾损失惨重的勃朗峰隧道、托恩隧道、圣哥达隧道长度分别达到了11.6 km、6.4 km和16.9 km。这可以解释为:一方面随着隧道长度的增加,隧道火灾的风险增加了(AFAC,2001),另一方面随着隧道长度的增加,发生火灾后,扑救的难度也大大增加,导致火灾蔓延到更多的车辆。

图2-23给出了公路隧道长度与火灾持续时间(火灾严重性的一个表征参数)的关系,可以看到随着隧道长度的增加,隧道火灾的持续时间有增加的趋势。

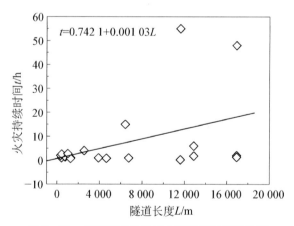

图2-23 公路隧道长度与火灾持续时间的关系

3) 火灾中达到的最高温度和火灾持续时间

如图2-24所示,对火灾案例的分析表明,火灾中最高温度在900~1 200℃的火灾案例达到了75%,超过1 200℃的案例占的比例约为12.5%。由于这些火灾案例大部分都与重型货车起火有关,因此,可以认为,卡车火灾最高温度的分布范围为900~1 200℃。

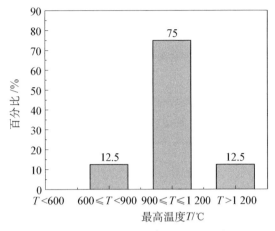

图 2-24 公路隧道火灾的温度分布

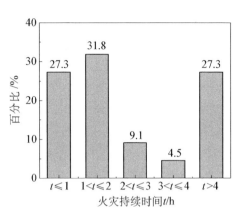

图 2-25 隧道火灾持续时间的分布

在火灾持续时间方面,案例分析表明(图 2-25),持续时间为 1~2 h 的案例占的比重最大,约为 31.8%,因此,可将 2 h 作为隧道火灾的一个基准持续时间。

值得注意的是,到目前为止,发生火灾的公路隧道中,隧道一般都属于短到中等长度,而长大隧道的火灾案例相对较少。因此,1~2 h 的持续时间主要反映的是短到中等长度隧道火灾的情况。而对于长大隧道持续时间则可能远远大于这个时间,例如,1999 年法-意间勃朗峰隧道($L=11.6$ km)火灾持续了 55 h,瑞士圣哥达隧道($L=16.9$ km)火灾持续了 48 h。因此,在火灾场景的设计中,火灾持续时间应考虑随着隧道长度的增加而调整。

4) 由于隧道环境的封闭性,隧道火灾极易蔓延,从而加剧火灾规模

如果没有采取及时有效的通风、主动消防措施,隧道火灾极易从起火车辆蔓延,从而导致更多的车辆被卷入火灾,加剧火灾的严重程度。例如,1999 年奥地利托恩隧道火灾中,16 辆重型卡车、24 辆小汽车被卷入火灾。更为典型的是 1979 年日本的 Nihonzaka 隧道火灾中,共有 127 辆卡车、46 辆小汽车被卷入火灾。

5) 公路隧道火灾绝大部分都直接或间接与重型货车有关

通过对隧道火灾的调研发现,隧道火灾几乎都与重型货车有关,特别是那些后果严重的隧道火灾案例,重型货车参与的火灾占到了总火灾案例的 85% 以上。例如,勃朗峰隧道火灾、托恩隧道火灾、圣哥达隧道火灾中,由于有至少 10 辆以上的重型货车参与燃烧,热释放率达到了 100~400 MW,造成了灾难性的后果(Lönnermark,2005)。因此,在公路隧道火灾场景的设计中,应将重型货车作为决定隧道火灾规模的主要因素。

6) 隧道火灾中达到的最高温度与发生火灾的车辆类型、货物种类等相关,但是并没有一一对应的关系

火灾案例表明,即使在没有油料等易燃易爆物的情况下,隧道内也可能达到极高的温度。如 1999 年勃朗峰隧道火灾中,运载面粉和人造黄油的卡车起火导致隧道内的最高温度达到了 1 300℃以上,局部甚至达到了 1 832℃。

7) 无论是哪种车辆,燃烧时的最大热释放率都随着燃烧值的增加而增加,特别是货车试验结果,两者呈现出一定的线性关系

燃烧值的大小反映了可燃物的情况(可燃物的种类、质量多少),由此可见实际情况下,对于载货重量相同的货车,当运载可燃物为单位质量热值大的汽油或其他危险品时,所引发的火灾中的热释放率较大,危害更加严重,这也符合对火灾事故调查的结果。如图 2-26 所示,单辆小汽车试验的结果呈现出很大的离散性,单辆小汽车试验的热释放峰值的范围从 1.5 MW 到 8.5 MW,燃烧值的范围 2～8 GJ,这可能与试验用小汽车的生产年代、品牌、本身的制造材料和制造工艺有关;2 辆小汽车试验的热释放率峰值分布在 2～8 MW,燃烧值的范围为 5～10 GJ,两者也表现出一定的线性关系,而且 2 辆车燃烧值和热释放率峰值普遍大于 1 辆车燃烧的情况,但在燃烧值接近的情况下,热释放率峰值不会达到单辆车的 2 倍。货车试验的结果,燃烧值变化范围为 10～240 MW,热释放率峰值的变化范围为 13～203 MW,变化范围都很大。

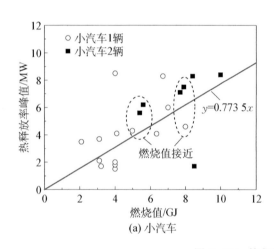 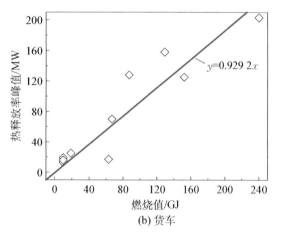

(a) 小汽车　　　　(b) 货车

图 2-26　热释放率峰值和燃烧值

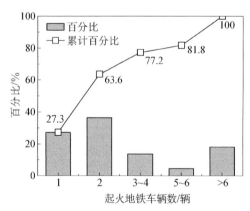

图 2-27　地铁火灾中车辆数的分布

2. 地铁隧道

由于信息的不足,火灾案例中能够确定最高温度、持续时间的案例极少,同时,考虑到地铁隧道火灾燃烧源的单一性(主要为机车和车厢),因此,地铁隧道火灾的最高温度和持续时间可基于试验数据来确定。

对地铁火灾中参与燃烧的车辆数的调研表明:火灾中,一般很少是单单 1 辆车起火,由于火灾的蔓延,会引起多辆车起火。如图 2-27 所示,1～2 辆车起火的比重占到总案例的 63.6%,这其中,2 辆车起火占的比重更大一些,约为 36.4%。

此外,考虑到上述分析中没有包含那些部分烧毁的车辆,因此,从安全角度考虑,将地铁火灾按 2 辆车起火来考虑是可行的。

2.2 大断面道路隧道火灾特性

隧道火灾的危害性日益引起国内外学者和研究机构的重视,人们开展了广泛的研究工作。在隧道火灾试验研究方面,国内开展的代表性试验研究工作有:以秦岭终南山特长公路隧道为依托开展的系统的火灾试验研究(闫治国和杨其新,2003);有学者在云南的 3 条公路隧道内进行的不同火灾条件和风速 10 次全尺寸试验(彭伟等,2006)。国际上比较典型的试验隧道如挪威 Runehama 隧道,该隧道为废弃的两车道公路隧道,研究人员每年都在内进行隧道实体综合防灾试验(Lonnermark,2005;Ingason,2005)。在荷兰 Benelux 隧道群中也有开展隧道火灾试验,重点研究纵向通风对隧道早期火灾的影响、烟气分层或混合变化规律(Lemaire 和 Kenyon,2006;Takekuni 等,2003)。Takekuni 等(2003)开展了三车道公路隧道火灾试验,试验结果表明:隧道中发生火灾时,拱顶达到的最高温度要小于两车道隧道,温度沿隧道纵向下降梯度也较大,烟气分布情况有较大差异。

随着国内外隧道建造技术的进步以及交通需求的提升,以大断面(三车道及以上)为特征的公路隧道不断涌现。由于隧道断面大,其火灾时的温度场分布及烟气流动特性与常规断面隧道相比存在显著的差异(Takekuni 等,2003)。然而,目前针对大断面隧道的火灾烟气试验研究尚不充分。

本书通过足尺火灾试验对大断面公路隧道内温度场的传播分布规律及烟气流动特性进行了研究。试验成果有助于深入掌握大断面公路隧道火灾特性;同时,试验成果也为大断面公路隧道火灾理论分析和仿真提供了实测数据。

2.2.1 试验概况

1. 试验隧道

如图 2-28 所示,试验隧道主体长 100 m,内部隧道宽 12.75 m,高 6.7 m。试验隧道主体两端与循环风道相连进行通风控制。试验隧道顶部设置专用排烟道,开设两个间距 60 m、面积 4 m² 的排烟口。循环风道内安装有 4 台轴流风机,单机额定风量为 125 m³/s,风压为 900 Pa。试验可提供的最大纵向风速为 5 m/s。

2. 火灾规模及试验工况

在纵向上,火源设置在距隧道左端口 42.5 m 处,火源上游长度为 42.5 m,下游长度为 57.5 m;在横向上,火源位于隧道横断面中央,如图 2-29 所示。试验工况如表 2-7 所示。

图 2-28 试验隧道

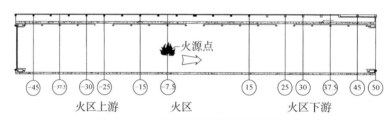

图 2-29 火源位置及隧道测试断面位置

表 2-7　　　　　　　　　　　　试验工况

工况	火源功率/MW	火源	设计纵向风速/m·s⁻¹
1	0.5	油火	1
2	1	油火	2
3	5	油火	0

3. 测试量及测点布置

1) 隧道内温度场

沿隧道拱顶中央布置光栅光纤测温传感器,每 5 m 一个测点,100 m 长试验隧道共安设光纤光栅传感器 20 只(图 2-30)。此外,在隧道内距火源不同位置布置了多个测温断面。同时,在测试断面上布置热电偶树,以获得断面上不同位置处的温度信息,如图 2-29、图 2-31所示。

5 m
FBG传感器

数据采集点间距

(a)

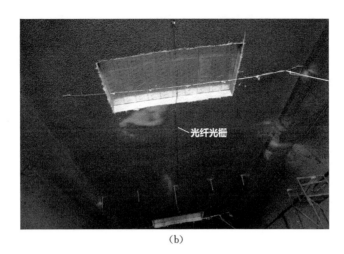

（b）

图 2 - 30　隧道拱顶光纤光栅布置图

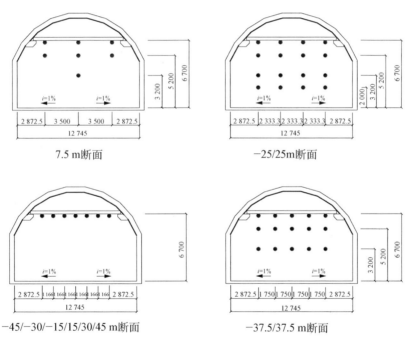

7.5 m断面

−25/25m断面

−45/−30/−15/15/30/45 m断面

−37.5/37.5 m断面

图 2 - 31　横断面上热电偶布置位置图(单位:mm)

2) 隧道内纵向风速及烟流速度

在隧道内距火源不同位置布置了多个测速断面。在各个断面上布置了风速仪,用以测试纵向风速及烟流速度,如图 2 - 29、图 2 - 32 所示。

3) 环境温度、湿度

使用温度计及湿度计分别测量点火前隧道内的温度和湿度,作为试验的初始参数。

4) 烟气蔓延前锋的扩散速度

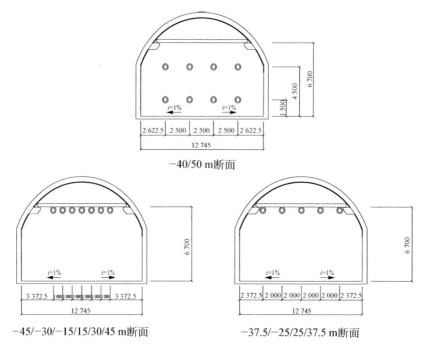

图 2 - 32 横断面上风速仪测点布置图(单位:mm)

通过视频记录烟气前锋的扩散情况,进而推算烟气前锋的扩散速度。

2.2.2 试验结果及分析

1. 隧道竖直方向上的温度分布规律

1) 工况 1:火源功率为 0.5 MW,纵向风速为 1 m/s

工况 1 的火灾规模在所有工况中最小,持续时间最长,达到 13 min。对于隧道的一7.5 m 处截面,从图 2 - 33 中可以看出,距离地面 6.7 m 的热电偶测点温度在 13 min 左右达到各测

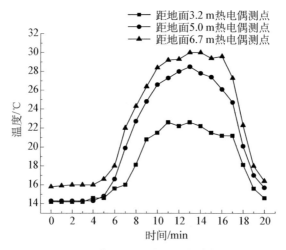

图 2 - 33 工况 1 下隧道一7.5 m 断面处热电偶实测温度分布图

点温度的最大值(30.5℃)。同一高度测点温度随时间的变化分成三个阶段:①0—5 min 时间段,各点温度升高比较平缓;②5—13 min 时间段,各点温度迅速升高达到最大值;③13—20 min时间段,各点温度逐渐降低到初始值。在火灾开始 8 min 左右之后,距离地面 6.7 m 位置的热电偶测点温度开始超过离地面较近的测点,并一直保持到火势消退。另外,在隧道截面温度较高的 10—17 min 时间段内,距离地面 5 m 的测点和距离地面 6.7 m 的测点温差绝对值小于其与距离地面 3.2 m 测点的温差绝对值。

对于 25 m 处截面,考虑火灾烟气前锋到达该截面之后的情况,从图 2 - 34 中可以看出,靠近拱顶位置的测点温度在 13 min 时达到各测点温度的最大值(22.5℃)。6.7 m 高度的测点的温度随时间的变化分成三个阶段:①0—4 min 时间段,测点温度略有上升,但基本保持不变;②4—7 min 时间段,测点温度迅速升高;③7—15 min 时间段,测点温度缓慢上升到最大值,之后开始缓慢下降。火灾烟气前锋到达该截面 6 min 之后,距离地面 6.7 m 位置的热电偶测点温度开始超过其他离地面较近的测点,并在 7 min 之后与其他位置各点保持显著的温差(5℃以上),其他各点之间的温差则很小。

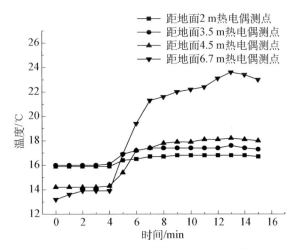

图 2 - 34 工况 1 下隧道 25 m 断面处热电偶实测温度分布图

2) 工况 2:火源功率为 1 MW,纵向风速为 2 m/s

工况 2 的火灾规模适中,持续时间比工况 1 短,仅有 6 min 左右。对于隧道的一7.5 m 处截面,从图 2 - 35 中可以看出,距离地面 6.7 m 的热电偶测点温度在 6 min 左右达到各测点温度的最大值(31.5℃)。同一高度测点温度随时间的变化分成三个阶段:①0—6 min 时间段,各点温度快速升高达到最大值;②6—10 min 时间段,各点温度值有小幅变化;③10—15 min 时间段,各点温度快速降低到初始值。在火灾开始 3 min 之后,距离地面 6.7 m 位置的热电偶测点温度开始超过离地面较近的测点,并一直保持到火势消退。另外,在隧道截面温度较高的 6—10 min 时间段内,距离地面 5 m 的测点和距离地面 6.7 m 的测点温差绝对值与距离地面 3.2 m 测点的温差绝对值基本相等。

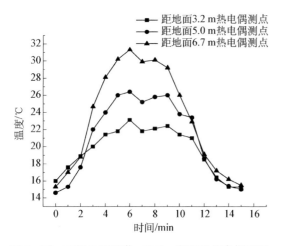

图 2-35　工况 2 下隧道-7.5 m 断面处热电偶实测温度分布图

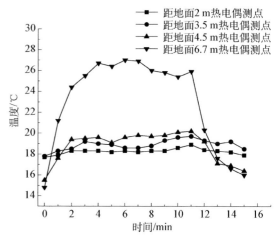

图 2-36　工况 2 下隧道 25 m 断面处热电偶实测温度分布图

对于 25 m 处截面,考虑火灾烟气前锋到达该截面之后的情况,从图 2-36 中可以看出,靠近拱顶位置的测点温度在 13 min 时达到各点温度的最大值(27.1℃)。6.7 m 高度测点温度随时间的变化可分成三个阶段:①0—4 min 时间段,测点温度快速上升;②4—12 min 时间段,测点温度有小幅变化;③12—15 min 时间段,测点温度快速下降到初始值。火灾烟气前锋到达该截面 1 min 之后,距离地面 6.7 m 位置的热电偶测点温度开始超过其他离地面较近的测点,并在 3 min 之后与其他位置各点保持显著的温差(8℃以上),其余各点之间的温差则很小。

3) 工况 3:火源功率为 5 MW,纵向风速为 0 m/s 时

工况 3 的火灾规模较大,持续时间略短于工况 2,仅有 5 min 左右,并采用了喷淋系统主动灭火。对于隧道的-7.5 m 处截面,从图 2-37 中可以看出,距离地面 6.7 m 的热电偶测点温

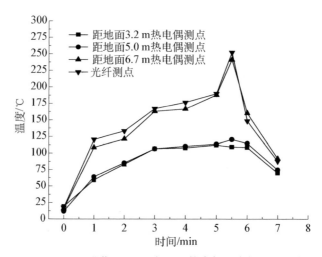

图 2-37　工况 3 下隧道-7.5 m 断面处热电偶及光纤实测温度分布图

度在 5.5 min 左右达到各测点温度的最大值(239℃)。同一高度的测点的温度随时间的变化分成两个阶段:①0—5.5 min 时间段,各点温度逐渐升高达到最大值;②5.5—6.5 min 时间段,各点温度开始下降。在火灾开始之后,距离地面 6.7 m 位置的热电偶测点温度即开始超过离地面较近的测点,其温差逐渐增大至约 140℃。另外,距离地面 5 m 的测点和距离地面3.2 m测点的温度基本相等。

对于 25 m 处截面,考虑火灾烟气前锋到达该截面之后的情况,从图 2-38 中可以看出,距离地面 6.7 m 位置的测点温度在 6 min 左右时达到各测点温度的最大值(93.2℃)。6.7 m 高度的测点的温度随时间的变化可分成两个阶段:①0—6 min 时间段,测点温度逐渐上升;②6—7 min 时间段,测点温度下降。火灾烟气前锋到达该截面后,距离地面 6.7 m 位置的热电偶测点温度开始超过其他离地面较近的测点,并在 2 min 之后与其他位置各点保持显著的温差(60℃以上),其余各点之间的温差则很小。隧道—25 m 处截面的温度竖向分布趋势与25 m处截面情况类似,如图 2-39 所示。

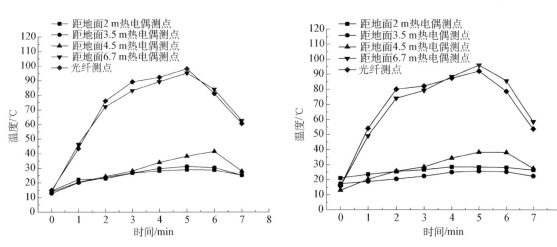

图 2-38 工况 3 下隧道 25 m 断面处热电偶及光纤实测温度分布图

图 2-39 工况 3 下隧道—25 m 断面处热电偶及光纤实测温度分布图

2. 火灾温度场纵向分布及扩散规律

对于工况 1 和工况 2,在机械通风动力的作用下,高温烟流向火区下游移动,火区上游温度则几乎不受火灾的影响。从图 2-40 中工况 1 下隧道拱顶温度纵向分布情况可以看出,工况 1 下火区上游拱顶各点温度基本保持不变;图 2-41 则表示了工况 2 下隧道拱顶温度纵向分布情况,由于火灾规模比工况 1 大,上游仍受到烟气的影响,但其温度的上升也非常微弱。对于工况 3,由于没有纵向风速的影响,火灾对隧道上游及下游区域(图 2-42)的温度分布均有显著影响,隧道拱顶温度分布基本沿火源点两侧呈对称分布。由于燃烧引起的冷热空气对流和隧道壁面对于流经其中的高温火烟的冷却作用,随着到火源点距离的增加,温度降低(Lemaire 等,2003),故离火源点较远的 25 m 断面的最高温度略低于—25 m 断面的最高温度。

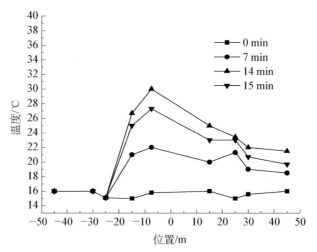

图 2-40 工况 1 下隧道拱顶温度纵向分布图

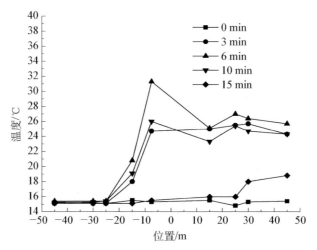

图 2-41 工况 2 下隧道拱顶温度纵向分布图

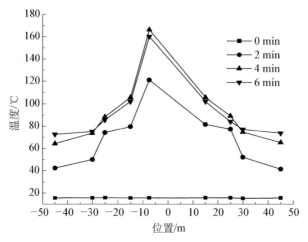

图 2-42 工况 3 下隧道拱顶温度纵向分布图

如表 2-8 和表 2-9 所示,火灾烟流在各工况下分别向 -25 m 和 25 m 断面的扩散速度可以估算得到。对于工况 1 和工况 2,纵向风速提高了烟流向火区下游的扩散速度,同时遏制了烟流向火区上游的扩散。对于工况 3 而言,烟流向纵向两侧扩散的速度基本相同。虽然工况 3 的火灾规模较大,但烟气的扩散速度仍然在人的逃生能力范围之内,且根据图 2-38 及图 2-39 所示,25 m 及 -25 m 两处断面 2 m 高度处的温度在火灾全程均低于 25℃。

表 2-8 火灾烟流往 -25 m 断面流动速度

烟气前锋到达 -25 m 断面	工况 1	工况 2	工况 3
所用时间/s	—	110	10
烟气速度/m·s⁻¹	—	0.16	1.18

表 2-9 火灾烟流往 25 m 断面流动速度

烟气前锋到达 25 m 断面	工况 1	工况 2	工况 3
所用时间/s	16	18	28
烟气速度/m·s⁻¹	2.71	1.80	1.16

3. 隧道内烟气流动特性

利用设置在隧道内的摄像设备记录了三个工况下隧道内火灾烟气的蔓延情况(图 2-43、图 2-44、图 2-45)。工况 1 从试验开始 2 min 形成一定的烟气层,到 7 min 时烟气层达到最厚(图 2-43)。工况 2 从试验开始 2 min 形成一定的烟气层,到 6 min 时烟气层达到最厚(图 2-44)。工况 3(图 2-44)则因火灾规模大大超过前两种工况,在试验开始 2 min 时烟气层的厚度已超过前两种工况,其后每分钟的烟气层增加均十分明显;5 min 时,烟气的蔓延范围已相当大。在三车道隧道中由于隧道内的空间较大利于烟气扩散,有利于人员的疏散逃生。

(a) 2 min   (b) 7 min

图 2-43 工况 1 下火灾烟气分布随时间的变化

(a) 2 min　　　　　　　　　　　(b) 6 min

图 2 - 44　工况 2 下火灾烟气分布随时间的变化

(a) 2 min　　　　　　　　　　　(b) 3 min

(c) 4 min　　　　　　　　　　　(d) 5 min

图 2 - 45　工况 3 下火灾烟气分布随时间的变化

4. 灭火措施对火灾烟气流动的影响

在试验工况 3 中,在火势发展至一定阶段之后,通过打开泡沫-水喷雾灭火系统灭火,可研究灭火措施对火灾烟气流动的影响。如图 2-46 所示,开启灭火系统后,火势的发展得到有效压制;然而,由于水雾对烟气层的扰动,烟气层下降,隧道内能见度显著降低。

(a) 喷淋打开前   (b) 喷淋打开后

图 2-46 喷淋系统打开前后的烟气情况(工况 3)

2.3 高海拔道路隧道火灾特性

随着我国经济的高速发展,处于高海拔地区的城市隧道也越来越多,其带来的社会经济效益也日益显著。但在高海拔隧道内发生火灾时,隧道产生的浓烟、烟雾难以排出,隧道空间内能见度低,使人们视线下降,呼吸困难,火灾造成的危害一般较严重,所造成的损失往往也很巨大。由于灾害的复杂性和环境条件的限制,高海拔道路隧道的防灾减灾与应急救援成为隧道安全运营的难点和关键。本书通过高海拔道路隧道现场火灾试验,研究了高海拔低氧环境下隧道火灾的燃烧特性及温度烟气分布规律。

2.3.1 试验隧道概况

试验隧道为香格里拉至德钦公路白茫雪山 1 号隧道(图 2-47、图 2-48),长 5 180 m,最大埋深 243.65 m,进出口设计高程 4 113.15~4 069.99 m,隧道建筑限界采用净宽 10.0 m,横断面组成为:1.0 m+0.5 m+3. 5 m×2+0.5 m+1.0 m,建筑限界高度 5.0 m,隧道设双侧检修道;隧道内轮廓采用单心圆断面,净高 6.85 m。隧址区自然气候条件较为特殊,"立体气候"明显,属于寒温带山地季风气候,气温随海拔高度增加而降低。年内最高气温在每年 6 月可达30℃以上;最低气温在每年 1~2 月份,可达-16℃。

图 2－47　白茫雪山 1 号隧道

图 2－48　隧道火灾试验现场

2.3.2　试验火灾规模及工况设置

　　试验火源采用油池火源(柴油)。如图 2－49 所示,试验中单个油池的内部尺寸为 1 000 mm×1 000 mm×100 mm(长×宽×深)。试验前根据 SFPE Handbook 给出的油盘边长与热释放率之间的关系(图 2－50),通过同样规格油池的组合而实现不同火灾规模的模拟。实际试验时,通过采集燃烧过程中油盘质量的变化来计算实际的火灾热释放率。火灾油盘质量变化测量系统如图 2－51 所示。表 2－10 列出了开展的 6 次火灾试验的参数。

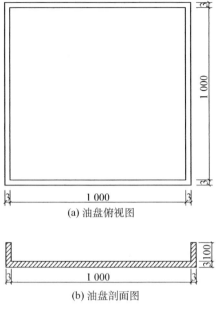

(a) 油盘俯视图

(b) 油盘剖面图

图 2-49　火灾实验油盘(单位:mm)

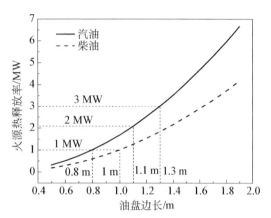

图 2-50　油盘边长同火源热释放率关系

图 2-51　火灾油盘质量变化测量系统

表 2-10　　　　　　　　白茫雪山隧道火灾试验工况

实验工况	热释放率/MW	通风风速/m·s⁻¹
1	1	自然通风
2	1	自然通风
3	1	自然通风
4	1	自然通风
5	0.7	自然通风
6	2	自然通风

2.3.3 试验量测项目及测点布置

试验中量测的项目及测试方法如表 2-11 所示。

表 2-11　　　　　　　　试验量测项目和试验方法

序号	量测项目	测试方法
1	隧道拱顶温度值	光纤光栅
2	隧道内不同高度处温度值	光纤光栅
3	隧道内风速	风速仪
4	环境温度、湿度	温湿度计
5	烟气前锋扩散范围	光纤光栅/摄像机
6	大气压	大气压计
7	火源燃烧热释放率	称重传感器

1. 隧道拱顶温度

隧道拱顶温度值通过沿隧道纵向布置的光栅光纤测温系统来测试。如图 2-52 所示,将火源上下游各分为 A、B 两个区域。其中,A 类区域长度为 200 m,光纤光栅温度测点间距为 10 m;B 类区域长度为 50 m,为了反映火源附近区域温度烟气的复杂变化规律,加密了测点数量,光纤光栅温度测点间距为 5 m。

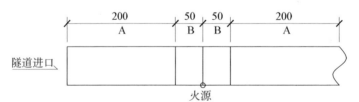

图 2-52 光栅光纤纵向总体布置图(单位:m)

如图 2-53 所示,光纤光栅布置于隧道拱顶中线位置。隧道顶部固定一根 φ3 钢丝绳,光纤光栅探测光缆以钢丝绳为依托悬吊安装在隧道顶部,距离顶部 120 mm,每隔 2 m 用挂钩固

图 2-53 隧道光纤光栅布置位置图

定,如图 2-54 所示。钢丝绳采用膨胀螺栓和 Z 形支架(或者膨胀螺钩)悬挂,隧道顶部每 20 m 固定一个膨胀螺栓,Z 形支架分别固定钢丝绳和调节螺杆(调节螺杆用来调节钢丝绳的松紧)。所有数据采集点通过传输光纤传入光纤光栅温度采集系统(图 2-55)。

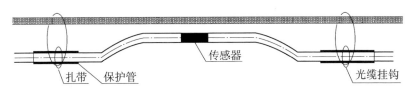

图 2-54　光栅光纤传感器串吊挂施工示意图

图 2-55　光纤光栅温度采集系统

2. 隧道内不同位置断面温度

如图 2-56 所示,试验中,为了获得上下游距离火源不同位置处隧道横断面温度场的分布特征,沿隧道纵向设置了 4 个测试断面。每个测试断面上沿竖向下垂一条光栅光纤(包含 5 个测温点)。

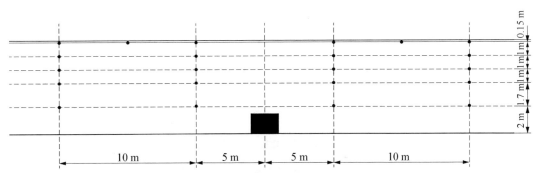

图 2-56　光栅光纤横断面温度测试断面位置图

3. 隧道内风速

隧道内风速通过热线风速仪测试。

4. 环境温度、湿度及环境大气压

隧道内外温度、湿度以及大气压在每次试验开始前采用温、湿度计及大气压计测试记录。

2.3.4　高海拔道路隧道火灾燃烧特性

图 2-57—图 2-59 给出了火灾试验过程中不同阶段隧道内的燃烧情况。可以看到,隧道火灾试验存在三个典型的阶段:上升段、稳定段及下降段。图 2-60—图 2-62 给出了火灾试验中燃烧真实质量损失率同理论质量损失率之间的关系。可以看到,由于高海拔氧气稀薄等因素,高海拔隧道燃烧试验中的真实质量损失率低于理论质量损失率,这就意味着:在可燃物总量一定的情况下,寒区隧道中若发生火灾其会燃烧更久,纵然最大热释放率稍低,但由于不充分燃烧及随着燃烧时间的增加,按照现有的火灾温度上升曲线去评测/计算隧道内燃烧时的温度对衬砌结构的影响应该重新考虑。此外,燃烧产生的污染物的种类也值得进一步研究。

图 2-57　火灾燃烧初期

图 2-58　火灾燃烧稳定期

图 2-59　隧道火灾燃烧衰减期

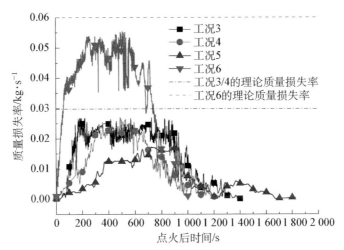

图 2 - 60 高海拔寒区隧道火灾试验真实质量损失率同理论质量损失率比较

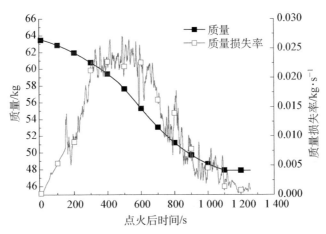

图 2 - 61 质量及质量损失率随时间变化分析(工况 1:理论热释放率 1 MW)

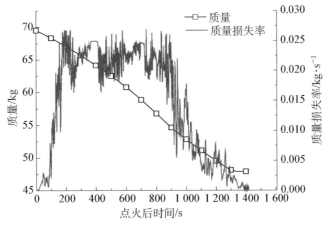

图 2 - 62 质量及质量损失率随时间变化分析(工况 2:理论热释放率 1 MW)

2.3.5 高海拔道路隧道火灾温度场特性

对于纵向温度分布,高海拔寒区隧道火灾工况下仍满足指数分布规律。图 2-63 为工况 2 典型时刻烟气逆流纵向温度分布,可以看到 400~800 s 已处于稳定燃烧状态(图 2-64—图 2-66),基于此,如图 2-67 所示,可给出点火后 600 s 烟气逆流纵向温度的分布曲线。这就意味着当光栅光纤纵向温度数据足够时,即能够根据温度数据拟合出纵向温度分布 $\Delta T = C\exp[-K(x-x_0)]$。对于烟气下游,其纵向温度分布仍然满足指数关系,在这里不作进一步的介绍。在隧道火灾工况下,当知道纵向温度分布规律,同时当火源点附近光栅光纤被破坏时,可以利用剩余的有用数据根据温度分布规律反演出火源点附近的温度分布特性。

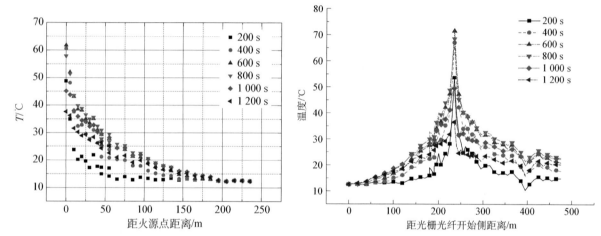

图 2-63　火灾试验典型时间点烟气逆流纵向温度分布

图 2-64　典型时间点纵向温度分布(工况 1:理论热释放率 1 MW)

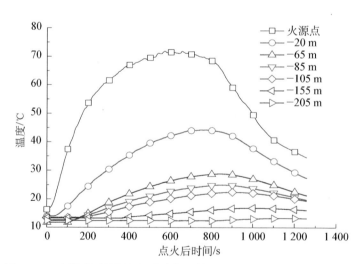

图 2-65　上游典型位置处温度变化规律(工况 1:理论热释放率 1 MW)

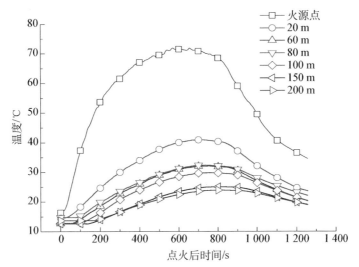

图2‑66 下游典型位置处温度变化规律(工况1:理论热释放率1 MW)

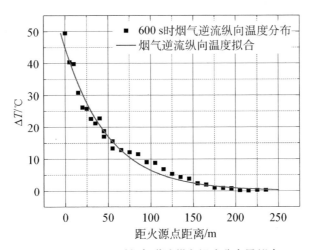

图2‑67 600 s时烟气逆流纵向温度分布及拟合

如图2‑68—图2‑71所示,对于横断面烟气温度分布,可以看到,对于各个典型时刻(包含火灾燃烧上升段、稳定段及下降段),在距火源点一定距离处其温度存在明显的分层情况,但在本试验中,火源点附近(±5 m)横断面烟气温度分层明显被打乱,由于通风的作用,火源点附近烟气下游温度明显大于烟气上游。

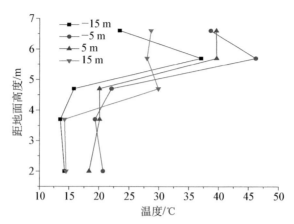

图 2-68 $t=200\text{ s}$ 时,典型位置处横断面温度分布

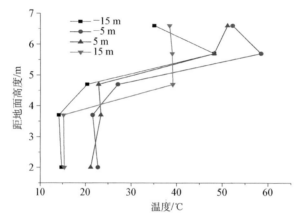

图 2-69 $t=400\text{ s}$ 时,典型位置处横断面温度分布

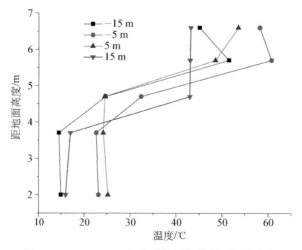

图 2-70 $t=800\text{ s}$ 时,典型位置处横断面温度分布

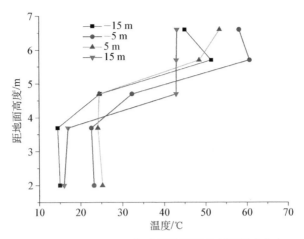

图 2-71 $t=1\,000$ s 时,典型位置处横断面温度分布

2.3.6 高海拔道路隧道火灾火焰高度变化规律

火焰高度是火灾试验的一个重要参数,它可以看作是浮羽流起点,由于火焰上部的间歇性,火焰的高度不是一个常数。但当火源点处热释放率较为稳定时,火焰高度此时在一个很小的范围内变化,此时可以认为是稳定的。在本次隧道火灾试验中,利用自制的火焰高度测量标尺(图 2-72、图 2-73),对不同火灾规模下的火焰高度进行了测量。

图 2-72 火焰高度测量标尺及布置

图 2-73 火焰高度测量现场

国内外学者(周延等,2006)根据大量火灾试验成果,总结出了在标准大气条件下火焰高度的经验计算公式,如式(2-5)所示:

$$H_{\mathrm{f}} = -1.02D + 0.235Q^{2/5} \tag{2-5}$$

式中 H_f——火焰高度，m；

D——火源点的当量直径，m；

Q——燃烧的总热释放率，kW。

结合高海拔地区的隧道火灾试验成果，本书对高海拔地区火焰高度同标准大气条件下火焰高度的计算值进行了分析，探讨了高海拔地区隧道火焰高度的变化规律。

图 2‑74 给出了隧道火灾试验中火焰高度测量值同标准大气条件下火焰高度计算值对比。可以看到，当火灾热释放率较低时，海拔高度对火焰高度的影响较低。随着火灾热释放率的提高，理论值同测量值之间的误差越来越大，高海拔地区的火焰高度明显比标准大气条件下的火焰高度要高，因而在高海拔地区下，当隧道发生火灾时，达到拱顶处的火焰高度所需的热释放率明显会比标准大气条件下的热释放率低，因而这也对高海拔地区隧道拱顶上部结构及设备的抗火设计提出了要求。

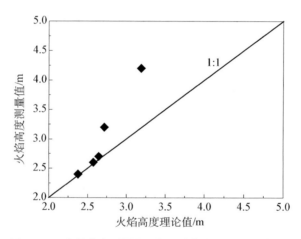

**图 2‑74 火焰高度测量值同标准大气条件下火焰高度
计算值对比（热释放率逐渐增大）**

2.3.7 高海拔道路隧道火灾烟气逆流特性

隧道火灾工况下的烟气逆流层特征是指导隧道火灾救援与疏散的一个关键量，国内外学者对此开展了大量的研究。研究纵向通风隧道火灾工况下烟气逆流层特征主要有数值方法、试验研究及理论推导，基于不同原理、采用不同方法的各种形式的预测模型也相继被提出。Hwang 等（1977）、Guelzim 等（1994）、Kunsch（1998）、Delichatsios 等（1981）以及 Bettis 等（1995）从理论的角度对隧道火灾工况下烟气逆流层特征展开了研究，认为隧道火灾工况下的烟气逆流层特征主要受隧道火灾热释放率、纵向通风风速及隧道截面参数的影响；Thomas（1958）、Deberteix 等（2001）、Beard 等（2005）和 Li 等（2010）基于无量纲理论、Froude 数及火灾试验推导了较为方便的烟气逆流预测模型；Hu 等（2008）和姜学鹏等（2011）结合最高温度计算方法及烟气纵向温度分布，提出了形式实用的烟气逆流长度预测模型。

由于足尺隧道火灾试验难度很大，且不确定的影响因素太多，专门探索性研究纵向通风隧道烟气逆流层长度的足尺试验较少,其中被广泛采用的有 HSL 在长 366 m、内部高度为 2.52 m、面积为 5.6 m 的马蹄形隧道中所做的一系列试验的结果(Bettis 等,1995),以及胡隆华等(2006)在云南元江等隧道所做的一系列试验的结果。本书此处以前面提及的两处试验数据为基础,并结合在白茫雪山隧道所完成的试验成果(图 2-75、图 2-76),探讨高海拔地区火灾关键参量烟气逆流层长度的特征。图 2-77 中,烟气逆流层长度采用式(2-6)计算:

$$L_{BF} = -\frac{\ln\left(\frac{2T_a u_a^2}{3gH_s\Delta T_{\max}}\right)}{K} = -\frac{\ln\left(\frac{2T_a u_a^2}{3gH_s\Delta T_{\max}}\right)}{\alpha' D/(m' c_p)} \tag{2-6}$$

公式推导过程及式中各参数含义详见本书 5.2.4 节。

如图 2-77 所示,白茫雪山隧道火灾工况下烟气逆流层长度的计算值比平原地区测得的结果小很多。考虑到试验是在海拔 3 400 m 处隧道开展,由于海拔高,空气密度较小,烟流所受的浮羽力相比较而言会更大,从而烟流也会蔓延得更远。

图 2-75 云南白茫雪山隧道火灾试验烟气逆流层

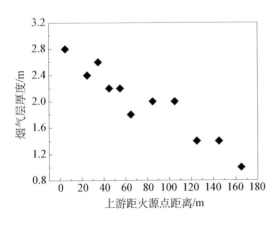

图 2-76 稳定阶段烟气逆流厚度(工况 2)

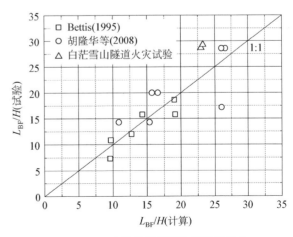

图 2-77 高海拔隧道烟气逆流层长度

3 隧道火灾的应急通风与排烟

3.1 概述

道路隧道随着长度、交通密度和车辆载重的增加,发生火灾的潜在威胁也逐渐增大。城市道路隧道内部构造复杂,面临突发性火灾时难以及时有效处置,容易造成巨大的财产损失和严重的社会影响(梁福生,2007)。火灾时产生的高温烟雾是人员死亡的主要原因,不加控制或控制不当将导致严重后果。随着交通量的增加,长大道路隧道成为城市隧道的发展趋势(李友明,2001),长大城市道路隧道的通风排烟也成为设计和运营中需要考虑的突出问题。本书以上海某长大越江隧道工程为背景,针对采用重点排烟模式的大断面盾构隧道,分析了开启火源上、下游不同位置和数量的排烟口对火灾排烟沿隧道纵向蔓延分布规律的影响,研究了重点排烟模式长大隧道发生火灾时的排烟策略;另外,重点分析了火灾规模、排烟口形状、火源在横断面上的位置和轴流风机排烟速率等因素对重点排烟模式大断面隧道火灾烟气蔓延规律的影响。

3.2 隧道火灾排烟研究现状

3.2.1 长大道路隧道火灾排烟模式

目前隧道排烟的设计基本上和通风方式相结合,在正常情况为通风换气功能,满足环保的要求;在火灾情况下为排烟、控烟功能,其主要目的是为乘车人员创造一个安全的疏散环境,并且为消防人员提供一个通往火场的通畅路线(虞利强,2002)。已有的隧道通风模式包括纵向通风、横向通风和半横向通风,采用纵向通风模式的隧道较多,半横向通风方式次之,横向通风隧道数量较少。目前国内外隧道普遍采用的排烟模式主要有两种,即纵向排烟模式(Longitudinal smoke extraction)和重点排烟模式(Point smoke extraction,Central exhaust 或 Key extractions):

1. 纵向排烟模式

纵向排烟模式控制原理如图 3-1 所示,利用隧道顶部的射流风机等通风设备产生不小于临界风速的纵向气流,方向与行车方向相同,以防止烟气回流,并控制烟气向火源点下游流动。这种控制方案在单向交通工况下比较有效,在正常运营工况下可以假设火源点下游车辆已经离开隧道,即烟气流向的下游隧道内没有受困人员。但这种排烟方式在控制烟气流向的同时,

图 3-1 纵向排烟模式原理图

也给火源区域带去了大量燃烧所需的氧气,会加快火灾蔓延;而且如果控制不力,烟气在隧道中的快速流动会造成火源下游能见度降低,不利于人员、车辆疏散和灭火救援。

2. 重点排烟模式

上海《道路隧道设计规范》(DG/TJ 08 - 2033 - 2008)定义重点排烟为:在隧道纵向设置专用排烟风道,并设置一定数量的排烟口;火灾时,远程控制火源附近的排烟口开启,将烟气快速有效地排出行车空间。重点排烟模式排烟口在正常情况下保持关闭,隧道内发生火灾时,通过打开火源附近一定范围内的排烟口及排烟风机,使烟气进入排烟道进行集中排放,如图 3 - 2所示。与纵向排烟模式相比,重点排烟模式通过排烟口将烟气抽离行车道,有效地控制了烟气蔓延和下沉,使得高温烟气维持在行车道的上部空间,其防灾安全性能要优于纵向排烟模式(赵红莉等,2012)。

图 3 - 2 重点排烟模式纵断面示意图

对于不同类型的隧道,重点排烟模式中独立排烟道的位置需根据断面形式和施工方式进行合理的布置,如图 3 - 3所示。由于盾构隧道为圆形断面,特别是对于大直径盾构隧道,顶部空间较为富余,适合设置独立排烟道进行重点排烟,因此重点排烟模式逐渐广泛地应用于盾构隧道,特别是长大盾构隧道。

对于双层大断面盾构隧道,可以利用隧道侧面的富余空间设置独立烟道板,形成独立排烟道,如图 3 - 4所示。排烟道通过设置在侧墙上的排烟口与行车道相连,在火灾情况下,通过打开火源附近一定范围内的排烟口及排烟风机,使烟气进入侧向排烟道进行集中排放,把烟气控制在行车道的一定范围内,有效控制烟气蔓延及下沉。

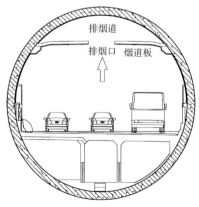

图 3 - 3 圆形隧道重点排烟示意图

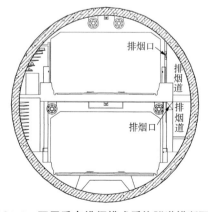

图 3 - 4 双层重点排烟模式盾构隧道横断面图

对于矩形断面隧道和其他形式的隧道,隧道顶部不存在富余空间设置排烟道,需要设置专门的独立排烟道进行重点排烟,这种排烟道设置方式也称为分离式排烟道重点排烟系统。特别是对于沉管隧道,通常将排烟道设置在隧道侧面,如图 3-5 所示。

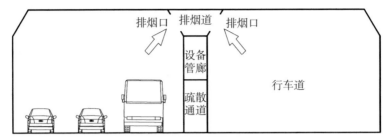

图 3-5 矩形断面隧道重点排烟模式示意

3.2.2 国内外研究现状

针对隧道火灾,在 20 世纪末,世界上许多国家,特别是欧美、日本等在这方面进行了许多深入的研究,在理论研究方面国外学者很早就意识到隧道火灾的危险性和处理不当的致命性,并指出在隧道火灾中最致命的是吸入过量有害烟气致死和高温致死。典型的隧道火灾事故引起了人们的重视,意外事故引起的隧道火灾会造成严重的影响。例如,1979 年 Nihonzaka 隧道特大火灾造成超过 7 人死亡和超过 174 辆车被烧毁(Kurioka 等,2003);1999 年勃朗峰隧道火灾事故造成 39 人死亡,托恩隧道火灾事故造成 12 人死亡(Leitner,2001);2001 年,在圣哥达隧道两辆重型货车相撞起火,造成 11 人死亡,23 辆汽车烧毁,超过 250 m 隧道塌陷(Carvel 等,2001)。

国外学者通过试验和 CFD 数值模拟对隧道通风排烟系统进行了大量研究。Woodburn 和 Britter(1996a,1996b)利用 CFD 技术模拟了火源附近区域和火源下游在纵向通风情况下隧道内的温度分布。Tuovinen 等(1996)利用 CFD 软件 JASMINE 研究了火灾规模、隧道宽度、通风和隧道坡度对火灾的影响。Levy 等(1999)利用网络模型模拟了横向通风系统中排烟道和行车道内部环境的相互作用。Wu 和 Bakar(2000)利用 Fluent 软件模拟了 5 种矩形断面的隧道火灾(图 3-6),并且开展一系列的试验测试,对比结果表明 CFD 模拟结果很好地模拟了速度场的分布,特别是烟气回流区域的速度场与试验结果吻合较好。由于紊流模型的限制,CFD 仅模拟了连续火焰区的温度分布,与试验结果相比火源附近温度场的模拟结果偏高。

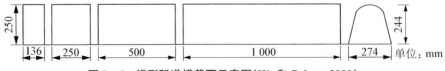

图 3-6 模型隧道横截面示意图(Wu 和 Bakar, 2000)

Vauquelin 和 Megret(2002)通过缩尺实验研究了排烟口位置和形状对于隧道火灾通风排烟的影响,在 1∶20 的隧道模型中进行了火灾试验,隧道模型顶部考虑了三种排烟口位置:排烟口位于烟道板中间,排烟口位于烟道板宽度 1/3 处,以及排烟口位于侧墙顶部。排烟口位于烟道板中间和 1/3 处得到相似的结果,排烟口位于顶部烟道板的排烟效率比排烟口位于侧墙的排烟效率高。这与本书研究的工况具有一定的相似性,都是改变了排烟口和火源在横断面上的相对位置关系。另外,还研究了三种形状的排烟口,包括方形 2 m×2 m、纵向矩形 5 m×0.8 m 和横向矩形 0.8 m×5 m,研究结果表明横向矩形比其他两种形状排烟口略有提高效率,纵向矩形排烟口得到的结果与方形排烟口较为相似。Li 和 Chow(2003)通过 CFD 模拟研究了隧道火灾情况下不同排烟系统的优缺点,其中包括纵向通风系统、半横向通风系统、横向通风系统、重点排烟系统、纵向与半横向相结合的通风排烟模式。Bari 和 Naser(2005)采用 Fluent 软件模拟研究了 Melbourne 城市隧道车辆起火燃烧时的烟气运动规律,建议当隧道发生火灾时关掉射流风机并且尽快疏散司机和乘客。Rie 等(2005)对比研究了两种不同模式的横向通风排烟隧道:一种是使用固定位置的常开的排烟口,以实现均匀的、分布式的排烟(均匀排烟);另一种是使用遥控器控制排烟口,发生火灾时仅打开火源附近的排烟口,其他被关闭,以限制烟气蔓延(局部排烟),通过多种工况的数值模拟研究,找出每种排烟方案的最佳的排烟速率。Choi 等(2006)通过一系列数值模拟研究了横向通风隧道火灾时的烟气蔓延规律,并且与 1/20 缩尺模型试验结果进行了比较。Hu 等(2006)通过 FDS 软件研究了火源处隧道顶板下方烟气最高温度,同时进行了全尺寸燃烧试验,并对比了试验结果和 CFD 数值模拟结果。Ballesteros 等(2006)采用 Fluent 软件计算了半横向通风城市隧道在火灾持续燃烧 15 min 的情况下,隧道坡度对排烟效果的影响,研究结果表明火灾时应该更多地开启坡度上升方向的排气口。Lin 和 Chuah(2008)对采用重点排烟模式的长隧道发生 100 MW 火灾时不同排烟策略下的烟气流动规律进行了研究,在保持排烟口总面积不变的情况下,分析了改变排烟口数量和单个排烟口面积对于重点排烟模式排烟效率的影响,计算工况如表 3-1 所示,研究结果发现单排烟口排烟系统比多排烟口排烟系统的效率更高。

表 3-1 各工况排烟口尺寸和位置(Lin 和 Chuah, 2008)

工况	排烟口数量	排烟口位置/m	排烟口面积/m²
Case 1	1	175	24(24×1)
Case 2	2	88, 263	24(12×2)
Case 3	3	58, 175, 292	24(8×3)
Case 4	4	44, 131, 219, 306	24(6×4)
Case 5	5	35, 105, 175, 245, 315	24(4.8×5)

Yoon 等(2009)利用 CFD 模拟软件探究对于带有竖井的长大公路在发生火灾时的最佳排烟策略,并且进行了缩尺模型试验,研究了控制烟气蔓延时竖井处轴流风机的最优排烟速率。

Matheislová 等(2010)比较了 SMARTFIRE 和 FDS 模拟结果与在大型火灾实验中获得的实验数据,并指出在采用 SMARTFIRE 进行数值模拟时的主要问题是如何估计燃烧效率。Lee 等(2010)用隧道火灾模型试验对 Busan-Geoje 沉管隧道进行了局部重点排烟系统试验研究,该试验在 1∶20 比例的模型隧道中模拟了两条隧道之间的排烟管道,研究了自然通风和纵向通风条件下局部重点排烟系统的性能。Ingason 和 Li(2011)通过在 1∶23 缩尺模型中进行一系列试验重点研究了单点和双点重点排烟系统,试验工况包括了不同的火灾规模、排烟速率和通风条件,通风条件包括纵向通风和自然通风。

此外,研究较为系统的是 Beard(2009)针对欧洲隧道发生过的火灾,总结出每条隧道都有必要进行专业的隧道火灾风险评估,并针对可能发生的火灾进行预防。Beard 等(2005)还撰写了 *The Handbook of Tunnel Fire Safety* 一书,书中详细介绍了公路隧道和铁路隧道的火险种类,隧道火灾的起因、风险、抢险设备、预防和火灾烟气流动。这本手册中还对近年来在火灾预测和模拟中应用广泛的 CFD 技术进行了介绍。

随着我国经济发展和交通需求,大量修建道路隧道,国内的工程师也很早就关注隧道火灾的危害及火灾烟气通风的重要性,通过研究人员的不断探索,我国在隧道火灾研究与防治方面也取得了丰硕的研究成果。戴国平(2001)对英法海峡隧道火灾事故进行了分析与总结,并提出隧道防火要有合理的便于人员疏散的结构布置;要有火灾发生的预测、预警装置;要有适应平时和紧急状态的通风系统;要有强有力的消防系统。刘伟和袁学勘(2001)通过对欧洲公路隧道营运安全思路的分析和对欧洲现有公路隧道营运安全的调查,提出了我国公路隧道,尤其是特长公路隧道运营安全方面值得注意的问题。闫治国(2002)结合理论分析和火灾试验对火灾时隧道内温度场的分布,包括最高温度与通风风速、火灾规模的关系,温度随时间的变化,纵向以及横向温度分布规律进行了研究;同时,对火灾时隧道内压力场的分布规律,包括压力随时间的变化、风速的变化以及火灾时摩阻的变化进行了论述,重点对火风压进行了深入的分析。戴国平(2002)等对二郎山隧道进行了排烟模式的分析,总结出了隧道中的烟气排疏与轴流风机和射流风机的运行方向、每条横通道隔断门的开启与关闭有关,并提出利用数值模拟来进行隧道火灾模拟是非常必要的。胡隆华等(2006)对不同纵向通风速率下公路隧道内火灾烟气温度及层化高度沿隧道的分布特征进行了研究,结果表明:拱顶下方烟气温度沿隧道呈幂指数分布;纵向通风速度对烟气层高度沿隧道的分布有重大影响,纵向风速较小时,烟气可以在隧道上部空间维持较好的层化结构,不会影响火灾发生时人员的安全疏散,而较大的纵向风速将导致烟气层高度沿隧道迅速降到地面,对火灾发生时的人员疏散造成威胁。朱合华等(2006)通过对国内外交通隧道火灾案例、研究机构、研究活动、相关规范、标准的总结分析,阐述了国内外交通隧道火灾安全的研究现状及发展趋势。袁建平等(2010)通过 1/20 小尺寸模型实验对城市隧道火灾组合通风排烟方式下的排烟特性进行了研究。通过对不同纵向风速和不同排烟量下温度和烟气实验结果的分析,表明隧道的顶部排烟量越大,烟气层下降越慢,越有利于隧道内的人员疏散,但是排烟量的增大对降低隧道顶部温度效果不大。根据实验结果可知,对于组合通风方式下的隧道火灾,应先打开顶部排烟口进行排烟,然后开启火源上游风机进行纵向通风,纵向通风风速应控制在临界风速左右。该模型可以模拟一段直径为 10 m 的 580 m 长的实际隧道。为了模拟组合通风排烟方式,在模型隧道顶部设置了排烟道,烟道板上面按 1.5 m 间距布置了 6 个排烟口,排烟道下游出口处设有一排烟风机,同时在隧道车行道的上游入口处设有一射流风机产生纵向通风。

国内学者在 CFD 技术的帮助下也进行了大量的数值模拟研究。王婉娣(2004)以秦岭终南山特长公路隧道为研究对象,对纵向火灾通风进行了稳态和瞬态模拟计算,在研究中考虑了通风条件和隧道坡度的影响,并且分析了隧道横断面和隧道轴线纵断面上的烟流状况。王泽宇(2006)采用 CFD 方法,针对排风竖井入口附近的不同位置发生火灾的状况,进行了多工况的数值模拟研究,分别研究了不同隧道通风风速下,隧道主风机和射流风机不同的组合情况下,送风井开启、关闭,以及上行隧道排风开启、关闭情况下隧道和竖井内风流的速度、温度和压力的分布情况。邹金杰(2006)通过数值模拟对竖井送排式纵向通风长大公路隧道进行了研究,对隧道火灾模式下的烟流温度、烟流流动和隧道内的压力场进行了详细的分析,并就送、排风条件和竖井高度对火灾的影响和烟流的分布进行了研究。姚坚(2007)借助 CFD 计算,研究了双层越江公路隧道上、下层隧道在不同通风速度和不同火灾规模时的温度场变化规律,包括最高温度、纵断面温度、水平断面温度、横断面的温度随时间的变化规律,对火灾规模和通风速度的影响进行了研究。李振兴(2008)和王克拾(2008)基于 CFD 数值模拟分析了大断面公路隧道汽车火灾烟气特性和温度特性。安永林等(2009)利用 FDS4.0 仿真隧道在通风失效与火灾通风下不同规模的火灾情况。

近年来,国内科研人员针对采用独立排烟道重点排烟的隧道火灾进行了研究。徐琳和张旭(2007)结合某长大公路隧道集中排烟系统设计,通过 CFD 模拟分析了排风诱导风速与火灾规模、排烟口下游烟气蔓延范围之间的关系。李想(2008)采用数值模拟方法,对隧道火灾集中排烟模式下,排烟口开启方式和开启范围不同时的烟流特性进行了分析研究。根据火灾事故点位置和排烟风口开启位置的不同,研究了两种情况:对称开启火源两侧 150 m 范围内的 12 个排烟口,两侧排风烟机均打开,单机排烟量为 100 m/s³,隧道两端射流风机朝向火源对吹以控制烟流;火灾发生时,非对称地开启火源上游 100 m 和下游 200 m 范围内 12 个排烟口,隧道两端射流风机朝向火源对吹以控制烟流。徐琳和张旭(2008)通过 CFD 模拟,分析了排烟风口形状、风口间距对烟气的控制效果,风口形状包括正方形(2 m×2 m)、横向矩形(1 m×4 m),风口间距包括 60 m 和 80 m,研究结果表明采用横向矩形风口代替正方形风口有利于排烟。

李峰(2009)针对公路隧道通风弯曲风道及火灾排烟风口进行了优化研究。排烟量为 180 m³/s,考虑到排风口风速不大于 10 m/s,火灾发生后开启排烟口总面积为 18 m²。排烟区段长 150 m,排烟口均为正方形,间距分别为 10 m、15 m、20 m、25 m、30 m,如表 3-2 所示。研究结果表明烟口间距为 10 m 的排烟风道,对 20 MW 火灾规模控制较为有利;5 MW 小火灾规模建议开启少量排烟口并进行人工灭火。

表 3 - 2 排烟口间距、数量和排烟口规格(李峰,2009)

规格	开口间距/m	开口个数	开口尺寸/m	开口面积/m²
A	10	16	1.06	1.125
B	15	11	1.28	1.64
C	20	9	1.41	2
D	25	7	1.60	2.57
E	30	6	1.73	3

刘明(2009)针对苍岭隧道工程设计了合理的隧道火灾场景,根据火灾位置(进口段、中间段和出口段)和交通方式(单向和双向)的组合形式采取不同的通风组织措施,采用 FDS 对各种火灾场景下的集中通风效果进行了数值模拟,主要分析了隧道内火灾烟气前锋的蔓延距离、能见度分布以及烟气温度的纵横向分布规律。张玉春(2009)借助 CFD 三维数值模拟技术,对两种排烟方式在火灾时的烟气控制效果进行了对比分析,研究了顶部设排烟道时,不同排烟开口大小和排烟口间距对隧道火灾时排烟效果的影响。研究表明,顶部设排烟道排烟较纵向通风排烟有较好的烟气控制效果,排烟口的设置间距和开口大小将影响隧道火灾时的排烟特性。蒋亚强等(2010)在通道火灾模型试验中开展了横向排烟试验,对不同火源功率下,通道内烟气层界面的形态特征、烟气层最高温升以及烟气水平流动速度随排烟速率的变化情况进行了研究,结果表明:通道内的烟气在排烟速率较小时能够维持很好的层化,随着排烟速率增大,烟气层与空气之间的掺混加剧,且靠近通道端部开口处的掺混程度强于远处。吴小华等(2010)运用火灾动态模拟软件 FDS 对采用独立排烟道集中排烟的隧道火灾进行了模拟。通过研究 12 种不同排烟阀开启方案下(表 3 - 3)隧道内的烟气温度和蔓延规律,得出了排烟口设置参数对集中排烟模式控烟效果的影响,提出了排烟口设置优化方案的参考参数。

表 3 - 3 数值模拟研究工况(吴小华等,2010)

工况	排烟口数量	排烟口间距/m	单个排烟口面积/m²	工况	排烟口数量	排烟口间距/m	单个排烟口面积/m²
1	8	25	4	7	6	50	4
2	8	25	6	8	6	50	6
3	8	25	8	9	6	50	8
4	6	25	4	10	4	25	4
5	6	25	6	11	4	25	6
6	6	25	8	12	4	25	8

韦良义(2010)对顶部设有排烟道的隧道内火灾发生时的温度场进行了数值模拟分析。火灾规模为 20 MW,隧道尺寸为 400 m×10 m×5 m(长度×宽度×高度);两个烟道口设置在

4 m高度处,分别位于150 m、250 m;烟道口宽度为2 m,烟道板厚度为0.2 m。吴华(2010)以港珠澳特长公路海底隧道为研究对象,在"纵向通风+集中排烟"的通风防灾模式下,研究了不同的排烟口几何尺寸对隧道火灾烟流的影响。彭锦志等(2011)采用火灾动态模拟软件FDS对独立排烟道集中排烟模式在火灾条件下的排烟效果进行了计算分析,研究了双向排烟方式和单向排烟方式下不同排烟口设置方案中排烟道流速和排烟阀流速分布规律,如表3-4所示。结果表明,排烟道和排烟口流速的大小与排烟量、排烟口设置方案、排烟道横截面面积等参数有关。双向排烟方式下,排烟口流速与排烟道流速呈对称分布;单向排烟方式下,排烟口流速与排烟道流速呈非对称分布。当排烟道横截面面积一定时,改变排烟口设置方案对排烟道端部流速的影响不大;随着排烟口开口面积的增加,离风机较近的排烟口流速逐渐降低,而该排烟口的排烟量却逐渐增大。

表 3-4　　　　　　　　　数值模拟研究工况(彭锦志等,2011)

工况	排烟方式	数量	间距/m	面积/m²	工况	排烟方式	数量	间距/m	面积/m²
S1	双向排烟	12	25	2.5	D1	单向排烟	12	25	2.5
S2	双向排烟	6	50	4	D2	单向排烟	6	50	4
S3	双向排烟	4	75	6	D3	单向排烟	4	75	6
S4	双向排烟	3	100	8	D4	单向排烟	3	100	8

吴德兴等(2011)进行了独立排烟道集中排烟系统的缩尺寸隧道模型试验研究,通过总结分析集中排烟模式下温度场及烟控范围、排烟道系统流速、排烟阀排热效率与排烟风机排热效率、排烟阀排烟效率的研究成果,得出排烟和控烟效果较好的排烟阀设置方案,如表3-5所示。

表 3-5　　　　　　独立排烟道系统排烟阀设置参数方案(吴德兴等,2011)

排烟方式	火灾规模/MW	排烟口数量	排烟口面积/m²	间距/m	总面积/m²	范围/m	排烟道面积/m²
双向	30	4~8	4~8	25~50	16~64	100~250	4~8
双向	50	4~8	6~8	25~50	16~64	100~250	6~8
单向	30	4~8	4~8	25~50	24~64	100~250	≥8
单向	50	6~8	6~8	25~50	36~64	150~250	≥13

郭清超等(2012)分析了大断面盾构隧道在20 MW火灾规模工况下利用顶部排烟道进行重点排烟时,开启不同位置的三个排烟口对隧道内温度、能见度和CO浓度分布的影响及其随时间的变化规律;然后根据分析结果和世界道路协会提出的安全疏散指标,评价了隧道火灾时的疏散逃生救援环境。刘琪等(2012)通过对排烟效率、烟气蔓延范围、排烟系统流速、人员疏散微环境等4个排烟控制评价指标的分析,提出了一套适合于公路隧道集中排烟系统排烟量

设计的评价指标体系,构建了基于多指标约束的隧道集中排烟量设计模型。刘琪等(2013)以某越江盾构隧道为例,通过 FDS 模拟计算了火灾热释放率为 50 MW,排烟量为 240 m³/s,排烟口面积为 6 m²,排烟口间距为 30 m、40 m、50 m、60 m、70 m、80 m、90 m 和 100 m 时的烟气流动规律,对比分析隧道疏散环境安全性和设置成本等目标,得出排烟口最佳间距为 100 m,并且发生火灾时在 100 m 间距时应开启 4 个排烟口。夏永旭等(2013)为了研究不同排烟风口的面积和间距排烟效果,设计了 A、B、C、D、E、F 六种排烟口规格,如表 3 - 6 所示,其排烟量均为 180 m³/s,通过对比隧道内的温度降低程度,评级不同类型排烟口的排烟效果。通过对 20 MW、30 MW 的火灾释放率模拟分析发现 C 规格的排烟效果最好。

表 3 - 6　　　　　　　　　　排烟口规格(夏永旭等,2013)

规格	排烟口间距/m	排烟口数量	单个排烟口面积/m²
A	5	50	0.36
B	10	25	0.72
C	15	17	1.06
D	20	13	1.38
E	25	10	1.80
F	30	8	2.25

张志刚(2013)从城市地下交通联系隧道直线段火灾和弯道火灾两种模式下考虑,采用 FDS 软件对 15 MW 和 20 MW 火灾规模下不同排烟量和排烟口间距的各种工况进行模拟计算,从中总结了隧道烟气蔓延范围、温度场及能见度场的分布特征,得到了不同火灾规模下合适的排烟方案,并分析了排烟量和排烟口间距对城市地下交通联系隧道火灾烟气控制的影响。研究结果表明,城市地下交通联系隧道内直线段中部和弯道处发生 15 MW、20 MW 规模的火灾时,设置排烟口间距为 50 m 和 25 m 对隧道半横向通风排烟方式下的烟气控制效果的影响较小,差异基本不大。机械排烟量越大,对隧道内烟气控制的效果越明显;随着机械排烟量的增大,对隧道烟气控制效果的差异影响越来越小。

综上所述,国内外对城市道路隧道火灾重点排烟问题的研究取得了一定的研究成果,为城市地下交通联系隧道消防安全设计提供了一定的理论依据,但研究工况主要集中在 20 MW 和 30 MW 的火灾规模(李峰,2009;韦良义,2010;吴华等,2010;彭锦志等,2011;刘琪等,2012;夏永旭等,2013;张志刚,2013),对 50 MW 大规模火灾的研究还不够充分;另外,对重点排烟模式的评价标准较为单一,主要分析火灾烟气纵向流动规律;已有研究对大断面隧道设置排烟道进行重点排烟时横断面火灾特性的分析不够充分。鉴于以上因素以及长大隧道工程的重要性,本书对采用重点排烟模式的大断面道路隧道在三种火灾规模时(5 MW 小规模火灾、20 MW 中等规模火灾和 50 MW 大规模火灾)多种火灾场景下烟气流动特性进行研究,通过对比隧道疏散逃生环境、结构安全和排烟效率对重点排烟进行多角度评价,主要研究重点排烟模式隧道火灾的复杂排烟策略影响,对比分析影响重点排烟的关键因素。

3.3 隧道火灾 CFD 数值模拟研究方法

随着计算流体动力学 CFD(Computational Fluid Dynamics)技术的不断成熟以及计算机性能的提升,CFD 模拟被逐渐应用到火灾研究领域。火灾的 CFD 模拟研究是利用计算机求解火灾过程中各参数(如速度、温度、组分浓度等)的空间分布及其随时间的变化,是一种物理模拟。采用计算机模拟的研究方法预测隧道火灾规律是一种有效的方法,这种方法具有参数设定的任意性、预测结果的可再现性等优点,不需要大量的资金建造实验室设施,可以方便地对不同的影响因素、不同的过程进行研究,因而越来越为人们所重视,尤其是计算机技术的快速发展,大大促进了该方法的发展和应用。

数值模拟研究具有很多优势,例如相对于试验研究具有更好的经济性和更高的效率。同时,也能得到更为完整的数据,并且能够修改参数来模拟真实状态和理想状态。CFD 数值模拟可以直观地反映烟气分布、温度、CO 浓度和能见度等参数的变化规律。虽然由于大尺寸模型在湍流、燃烧、浮力和辐射等计算方面的困难,CFD 结果仍然不够完善,但是已经取得了较大的进步,并已经足够用于预测实际情况,允许运用在消防安全工程的设计中(Colella 等,2011)。

在 CFD 技术方面,国外的学者和开发团队开发出许多软件,比如 FDS、Fluent、SMARTFIRE 等。本书针对隧道火灾烟气特性的数值模拟研究使用 SMARTFIRE 软件,如图 3-7 所示。SMARTFIRE 运用最新的有限体积法,提供了一整套火场实地模拟环境,主要优点是自动化的网格生成系统,通过模型几何空间的类型选择系统对应的网格划分类别能够更好地调整网格质量以满足火灾分析的要求(Wang 等,2009)。SMARTFIRE 已经用于分析和预测火灾试验的研究结果,证明了其可靠性(Matheislová 等,2010)。

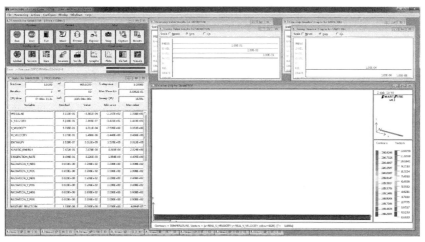

图 3-7 SMARTFIRE 软件信息

3.3.1　几何尺寸与边界条件

计算模型主要依托上海市某长大越江盾构隧道进行建立。该隧道属于双孔特长道路隧道,隧道盾构段全长 3 390 m,外径 14.5 m、内径 13.3 m,采用泥水平衡盾构施工(图 3-8)。隧道断面分类如表 3-7 所示,按照国际隧道协会(ITA)定义的划分标准,隧道横断面面积大于 100 m² 为特大断面隧道。隧道长度分类如表 3-8 所示,公路隧道规定,隧道长度 L>3 000 m 为特长隧道。隧道分类为一类,防火等级为一级,隧道正常运营时采用纵向通风,隧道盾构段采用重点排烟系统。

表 3-7　　　　　隧道断面分类表

类别	开挖面积/m²	备注
标准隧道	75~85	两车道隧道
大断面隧道	100~120	两车道附人行道或三车道隧道
特大断面隧道	>140	三车道全路肩隧道

图 3-8　上海市某长大越江盾构隧道

表 3-8　　　　　　　　　　　　　　隧道长度分类表

隧道分类	特长隧道	长隧道	中隧道	短隧道
隧道长度 L/m	L>3 000	3 000≥L≥1 000	1 000>L>250	L≤250

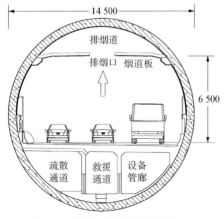

图 3-9　隧道横断面图(单位:mm)

隧道共分为三层,上层为排烟道,中间为三车道行车空间,下层包括疏散逃生通道、救援通道和设备管廊,如图 3-9 所示。

对盾构段 3 390 m 建立模型会使程序划分大量的网格,导致计算时间过长。重点排烟模式能够将火灾烟气控制在一定范围内,因此也不必对整个隧道建立模型,经过反复试算和对比,最终选取模型长度为 400 m(X 方向)的隧道模型。车道层的高度为 6.5 m,烟道板厚度为 0.2 m,模型排烟道面积为 9.2 m²。计算模型仅包括排烟道和车道层,尺寸确定为 400 m×

12 m×9 m(长度×宽度×高度，$X \times Z \times Y$)，模型中，采用较小的矩形块来逼近弧形边界[参见图 3-10(a)]。

当火灾发生在隧道中部时最为危险，隧道中间 1 500 m 的坡度均小于 0.3%，因此在本书研究的计算模型中忽略了坡度的变化。在烟道层两端设置风扇模拟设计中布置的轴流排烟风机，每侧风机设计排风量为 120 m³/s。火灾发生后，火灾的燃烧和烟气的流动均为非定常求解过程，控制方程的求解需要给出初始参数。本书假设隧道两端为开放的边界条件，隧道内无纵向风速。压力设为一个标准大气压 101 325 Pa，隧道内与外界初始环境温度为 15℃，这与上海年平均气温一致。SMARTFIRE 中所有的固体表面都需要设定热边界条件和相应材料的燃烧特性，本书设定隧道结构为混凝土材料，比热为 880 kJ/(kg·K)，热导率为 1.4 W/(m·K)，密度为 2 300 kg/m³，热膨胀系数为 0.1/K，厚度为 0.2 m。

3.3.2　网格划分

由于划分过密的网格会使得网格数量过多，导致计算时间过长，对计算资源需求过高，所以网格划分应同时考虑计算时间和计算精度。计算模型不同区域采用了不同质量的网格，并对排烟口范围内和火源区域的网格进行加密。各个计算工况的模型沿长度、宽度和高度方向的网格数量以及网格总数量可参见表 3-15。例如，对于工况 I-50，该模型沿长度、宽度和高度方向被划分为 108(长)×55(宽)×70(高度)网格，如图 3-10 所示。火源和排烟口附近区

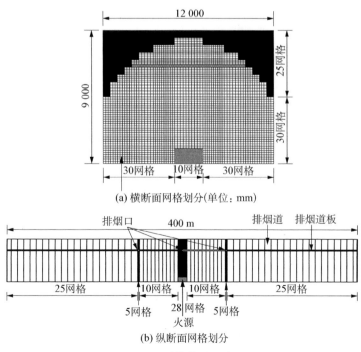

(a) 横断面网格划分(单位: mm)

(b) 纵断面网格划分

图 3-10　计算模型网格划分

域的网格较为精细,网格最小尺寸为 0.17 m。由于计算效率的局限性,其他区域的网格较为粗糙,网格最大尺寸为 5.1 m。

已有的研究表明,网格尺寸的大小与火灾特征直径 D^* 有关,当网格尺寸 d 取 $0.1D^*$ 时,数值模拟结果与试验结果的一致性较好(Lin 和 Chuah,2008)。火灾特征直径 D^* 可由式(3-1)计算:

$$D^* = \left(\frac{Q}{\rho_\infty \cdot C_p \cdot T_\infty \cdot \sqrt{g}} \right)^{\frac{2}{5}} \tag{3-1}$$

式中　D^*——火灾特征直径,m;

　　　Q　——总热释放率,kW;

　　　ρ_∞——环境空气密度,kg/m³;

　　　T_∞——环境空气温度,K;

　　　C_p——环境空气比热,kJ/(kg·K);

　　　g　——重力加速度,m/s²。

Caliendo 等(2012)在研究中火源区域时采用的网格尺寸为 1 m×1 m×1 m,而在远离火源区域的网格尺寸为 3.5 m×3 m×2.5 m。在本书分析中,火灾热释率为 50 MW(20 MW,5 MW),D^* 计算结果为 4.6 m(3.2 m,1.8 m),则 $0.1D^*$ 为 0.46 m(0.32 m,0.18 m),这可以视为一个合理的网格尺寸。本书在火源和排烟口附近区域的网格最小尺寸为 0.17 m,其他区域的网格较为粗糙,网格最大尺寸为 5.1 m。

3.3.3　火灾场景设置

1. 火灾规模

表 3-9 列出了国内部分隧道采用的火灾规模。表 3-10 和表 3-11 列出了《公路隧道消防技术规程》(DBJ 53-14-2005)和《道路隧道设计规范》(DG/TJ 08-2033-2008)建议的火灾热释放率(HRR)。为了综合分析不同火灾规模情况下的烟气流动规律和火灾特性,确定每种工况计算三种火灾热释放率,分别为 5 MW 小规模火灾、20 MW 中等规模火灾和 50 MW 大规模火灾。

表 3-9　　　　　　　　　　　国内外部分隧道采用的火灾规模

国家	隧道名称	火灾规模/MW
中国	上海翔殷路隧道	20
中国	上海周家嘴路隧道	20
中国	上海虹梅南路隧道	50
中国	上海长江隧道	50
中国	南京长江隧道	50
中国	武汉长江隧道	50
中国	厦门东通道海底隧道	50

表 3-10 　　　　《公路隧道消防技术规程》(DBJ 53-14-2005)建议的火灾热释放率

起火车辆	载人小汽车	载重车、公共汽车	油罐车
最大热释放量/MW	3～5	15～20	50～100

表 3-11 　　　　《道路隧道设计规范》(DG/TJ 08-2033-2008)建议的火灾热释放率

车辆类型	小轿车	货车	集装箱车、长途汽车	重型车
火灾热释放率/MW	3～5	10～15	20～30	30～100

2. 计算时间

世界道路协会 PIARC 将火灾发展分为两个阶段:自我逃生阶段(Self-Evacuation Phase)和灭火阶段(Fire-Fighting Phase),并指出逃生阶段应小于 15 min(PIARC,1999);同时《道路隧道设计规范》(DG/TJ 08-2033-2008)指出,火灾工况时,隧道内乘行人员的安全疏散时间宜小于 15 min。因此,确定整个模拟的时间段定为火灾发生后 900 s。

3. 火灾发展曲线

如表 3-12 所示,英国暖通设计手册(CIBSE,1997)将不同发展速率的火灾对应不同火灾热释放率系数。本书设定火灾发展极快,$\alpha = 0.187\,6$,HRR 按式 $Q = \alpha t^2$ 变化,其中 Q 代表火灾热释放率 HRR(kW),α 为英国暖通设计手册推荐的变化系数,t 为火灾发生的时间(s)。

表 3-12 　　　　英国暖通设计手册(CIBSE Guide)推荐的火灾热释放率变化系数

火灾类型	慢速	中速	快速	极快
系数 α /kW·s^{-2}	0.002 9	0.011 7	0.046 9	0.187 6

火灾热释放率上升规律如图 3-11 所示。火灾发生 160 s 后,火灾热释放率达到稳定值 5 MW;火灾发生 320 s 后,火灾热释放率达到稳定值 20 MW;火灾发生 525 s 后,火灾热释放

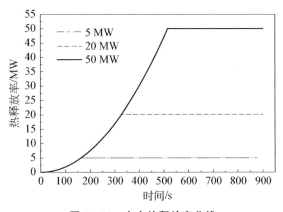

图 3-11　火灾热释放率曲线

率达到稳定值 50 MW,火灾热释放率达到稳定值后保持不变,直到模拟计算时间结束。烟雾的生成量通过相应火灾规模的热释放率得到,如图 3-12 所示。对于 50 MW 的大规模火灾,峰值烟雾产生率为 0.125 kg/s,总烟雾量为 69.521 4 kg。

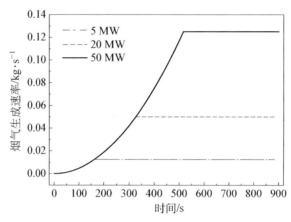

图 3-12　烟雾生成速率

4. 火源尺寸

火源尺寸根据模拟的热释放率对应的车辆平面尺寸确定,并参考世界道路协会(PIARC,1999)推荐的火源平面尺寸。5 MW 火源尺寸依据小型客车平面尺寸确定为 5 m×2 m×1 m(长×宽×高);20 MW 火源尺寸依据中型客车平面尺寸确定为 6 m×2 m×1 m(长×宽×高);50 MW 火源尺寸根据热释放率对应的车辆尺寸确定为 10 m×2 m×1 m(长×宽×高)。

3.3.4　重点排烟评价指标

1. 疏散逃生环境

本书拟通过数值模拟对比分析不同火灾场景的排烟效率,以期获得更全面的重点排烟方式下烟气蔓延特性,为更好地开展隧道火灾烟气控制以及人员安全疏散提供支持,为更好地控制隧道火灾烟气的蔓延范围提供支持。

隧道火灾时温度场的分布与烟气层的分布是有本质联系的,从温度场的分布中也能看出烟气层的分布情况(姚坚,2007)。参考世界道路协会(PIARC,1999)关于火灾时隧道内温度、能见度和一氧化碳浓度的允许值,并与距离车道面 2 m 高度的计算结果进行比较,对隧道内疏散救援环境进行评价。表 3-13 为世界道路协会(PIARC,1999)提供的评价指标的允许值。同时《建筑灭火设计手册(1997)》表明,当人处于温度超过 45℃的环境中,便会出现疼痛,皮肤和呼吸系统受到热损伤,出现一度烧伤。通过有效组织排烟,保证距车道面 2 m 以下人员区域内环境温度低于 45℃将更有利于创造安全且适宜的疏散逃生救援环境。对于热辐射,世界道路协会给出了一个较为严格的限值:2.5 kW/m²。

表 3-13		隧道内温度、能见度和 CO 浓度的允许值(PIARC, 1999)		
控制指标	空气温度	最小能见度	CO 浓度	热辐射
允许值	<80℃(353 K)	>7~15 m	<225×10⁻⁶	<2.5 kW/m²

表 3-14 列出了 5 个国家判断危险临界时间的指标。我国一般采用来自 *International Fire Engineering Guidelines* 4.3.4.2"生命安全标准",及《中国消防手册》第 3 卷"消防规划·公共消防设施·建筑防火设计"的"可用安全疏散时间判断指标"。

表 3-14		疏散时间判断指标	
国别	对流热	辐射热/kW·m⁻²	烟气遮蔽
新西兰	烟气层温度≤65℃,暴露时间>30 min	<2.5(气层温度 200℃)	减光度<0.5 m⁻¹,能见度 2 m
英国标准学会	烟气层温度<60℃,暴露时间>30 min	<2.5,暴露时间>5 min	减光度<0.1 m⁻¹,能见度 10 m
澳大利亚	烟气层温度<60℃,暴露时间>30 min	<2.5,暴露时间>5 min	减光度<0.1 m⁻¹,能见度 10 m
爱尔兰	烟气层温度<80℃,暴露时间>15 min	2~2.5	能见度 7~15 m
中国	2 m 以下空间,<60℃(持续 30 min)	2 m 以上空间,<2.5 kW/m²(温度 180℃)	大空间,低于 2 m 空间,>10 m;小空间,低于 2 m 空间,>5 m

能见度的计算可采用式(3-2)(Mulholland,1995):

$$S = C/K_{smoke} \qquad (3-2)$$

式中 S——能见度,m;
K_{smoke}——消光系数(Extinction Coefficient),m⁻¹;
C——常量。

能见度通常与烟气浓度、背景对比度、个人的感官能力以及光的传播路径有关,式中没有考虑光的传播路径对能见度的影响,根据经验,对于发光物体 C 取 8,对于反光物体 C 取 3,所得计算结果即为真正意义上的能见度,也与人眼在实际火场中观察到的场景基本一致(王大鹏和刘松涛,2010)。

消光系数可根据烟气浓度计算,即

$$K_{smoke} = S_{conc}\rho k_m \qquad (3-3)$$

式中 K_{smoke}——消光系数,m⁻¹;
S_{conc}——烟气浓度,×10⁻⁶;
ρ——烟气密度,kg/m³;

k_m——比消光系数(由可燃物本身性质决定),默认值为 7 600 m²/kg。

综上所述,取行车道最小清晰高度为 2 m,$H = 2$ m 高度处的能见度≥10 m($K_{smoke} \leqslant$ 0.3),温度≤60℃,CO 浓度≤225×10⁻⁶作为判断疏散逃生环境的安全指标。

2. 结构安全

钢筋混凝土的强度在很大程度上取决于温度。研究表明,当温度超过 400℃时,混凝土试块抗压强度显著降低,高温下劈裂抗拉强度比抗压强度下降更快,混凝土在烧蚀温度超过 400℃之后均有不同程度的爆裂(段雄伟,2010)。在本书中,定义 400℃为结构安全的临界温度。

3. 排烟效率

集中排烟模式可有效地抑制火灾烟气在隧道内的蔓延扩散,有利于隧道火灾发生后人员的安全疏散,但是排烟口下方烟气层吸穿现象尚未解决。烟气层吸穿是火灾烟气蔓延中的一个特殊现象。当某个排烟口的排烟能力足够大,使得大量冷空气被直接吸入排烟口而出现烟气层吸穿现象,由此会导致风机排出的烟气量减少,烟气层厚度增加。重点排烟模式隧道发生火灾后,烟气羽流上升到达排烟道板,在排烟道板下沿着隧道纵向蔓延,并在排烟道隔板下方形成一定厚度的烟气层。开启排烟风机后,排烟口正下方的烟气层会出现凹陷,如图 3-13 所示,H 为离排烟口较远区域烟气层的厚度,h 为排烟口正下方区域烟气层的厚度。烟气层凹陷的程度与排烟速率有关,排烟速率较小时,无法将火灾产生的烟气及时排出,影响人员疏散和消防救援;排烟速率增大,会加剧烟气与空气的掺混和扰动,当排烟口下方无法聚积起较厚的烟气层时($h \ll H$),就有可能发生烟气层的吸穿现象(Plugholing),部分空气被直接吸入排烟口中,导致排烟效率下降。

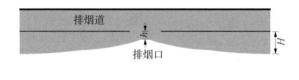

图 3-13 排烟口下方烟气层吸穿示意图

自然排烟时的吸穿现象可采用量纲为一的数 F 来描述(Hinckley,1995):

$$F = \frac{u_v A}{(g\Delta T/T_0)^{1/2} d^{5/2}} \tag{3-4}$$

式中 u_v——通过排烟口流出的烟气速度,m/s;

A——排烟口面积,m²;

d——排烟口下方的烟气层厚度,m;

ΔT——烟气层温度与环境温度的差值,K;

T_0——环境温度,K;

g——重力加速度,m/s²。

将发生烟气层吸穿时的无量纲数 F 记为 F_c,则当发生吸穿现象时,排烟口下方的临界烟气层厚度可表示为

$$d_c = \left[\frac{u_v}{(g\Delta T/T_0)^{1/2} F_c}\right]^{2/5} \tag{3-5}$$

目前,国内研究人员逐渐注意到烟气层吸穿现象对重点排烟效率的影响,并开展了相关研究。钟委(2007)验证了 Hinckley 模型在描述机械排烟时的吸穿现象上的有效性,给出了三种不同排烟风速所对应的烟气层临界厚度。蒋亚强等(2009)研究了机械排烟在竖直方向对烟气层吸穿现象的影响,尤其是竖直方向的烟气层吸穿现象。刘洪义等(2012)分析了 30 MW 火灾下的排烟速率理论计算方法及排烟口下方发生吸穿现象时的烟气层厚度临界值。

重点排烟时烟气层吸穿现象会导致轴流风机排烟的效率降低,甚至会出现远离排烟口处的烟气层继续沉降的情况,从而影响人员疏散逃生。

3.4 重点排烟长大道路隧道火灾排烟策略

重点排烟模式隧道发生火灾时,能够开启火源上、下游不同位置和数量的排烟口,对应不同的火灾场景,因此存在复杂的排烟策略,会影响火灾排烟沿隧道纵向的蔓延分布规律。本书将复杂的火灾场景归纳为三种情况:①开启火源一侧排烟口(上游或下游);②对称开启火源两侧的排烟口;③非对称开启火源两侧的排烟口。

本书重点研究了开启火源附近 150 m 范围内的排烟口,在多种可能的火灾场景下,火灾烟气延隧道纵向的流动蔓延规律。共计算了 15 种工况,计算工况如表 3-15 所示,依据火源和排烟口的相对位置关系将 15 种工况分为 5 组。五种火源和排烟口的相对位置关系,分别对应不同的火灾场景,如图 3-14 所示。每组包含 3 种火灾规模,即小规模火灾 5 MW、中等规模火灾 20 MW 和大规模火灾 50 MW。各工况模型沿长度、宽度和高度方向的网格数量、网格总数量以及计算时间如表 3-15 所示。

表 3-15　　　　　　　　　　　计算工况表

序号	工况	HRR	数量	火源位置/m	排烟口位置/m	网格数量	计算时间
1	FL1-50	50	3	175	1#:175 2#:225 3#:275	139×69×55	462 h 41 min 22 s
2	FL1-20	20	3			123×69×55	451 h 47 min 34 s
3	FL1-5	5	3			123×67×55	450 h 35 min 47 s
4	FL2-50	50	3	200	1#:150 2#:200 3#:250	140×69×55	504 h 43 min 36 s
5	FL2-20	20	3			124×69×55	459 h 37 min 32 s
6	FL2-5	5	3			124×69×55	451 h 39 min 10 s
7	FL3-50	50	3	200	1#:125 2#:175 3#:225	142×69×55	507 h 49 min 06 s
8	FL3-20	20	3			142×69×55	513 h 57 min 26 s
9	FL3-5	5	3			142×69×55	497 h 57 min 42 s

续表

序号	工况	HRR	数量	火源位置/m	排烟口位置/m	网格数量	计算时间
10	FL4－50	50	2	200	2#：175 3#：225	116×69×55	325 h 03 min 57 s
11	FL4－20	20	2			116×69×55	430 h 49 min 51 s
12	FL4－5	5	2			116×69×55	431 h 18 min 02 s
13	FL5－50	50	2	200	1#：150 3#：250	116×69×55	433 h 47 min 17 s
14	FL5－20	20	2			116×69×55	437 h 31 min 28 s
15	FL5－5	5	2			116×69×55	435 h 44 min 43 s

第1组工况模拟了仅开启火源一侧排烟口的情况,火源(FL1)位于1♯排烟口正下方,共开启3个排烟口,分别位于火源上方及火源下游＋50 m和＋100 m处,如图3-14(a)所示。第2组工况模拟了对称开启火源两侧排烟口的情况,火源(FL2)位于2♯排烟口正下方,共开启3个排烟口,分别位于火源正上方、火源上游－50 m处和火源下游＋50 m处,如图3-14(b)所示。第3组工况模拟了非对称开启火源两侧排烟口的情况,火源(FL3)位于2♯和3♯排烟口中间,共开启3个排烟口,包括火源上游－25 m、－75 m处的排烟口和火源下游＋25 m处的排烟口,如图3-14(c)所示。第4组工况模拟了火源(FL4)位于两个排烟口中间的情况,仅开启2个排烟口,包括火源上游－25 m处的排烟口和火源下游＋25 m处的排烟口,火源距离排烟口间距为25 m,如图3-14(d)所示。第5组工况模拟了火源(FL5)位于排烟口正下方而导致该排烟口无法正常开启的情况,开启火源上游－50 m处的排烟口和火源下游＋50 m处的排烟口,火源距离排烟口间距为50 m,如图3-14(e)所示。通过第4组和第5组工况对比了火源与排烟口的间距对于烟气流动特性的影响。

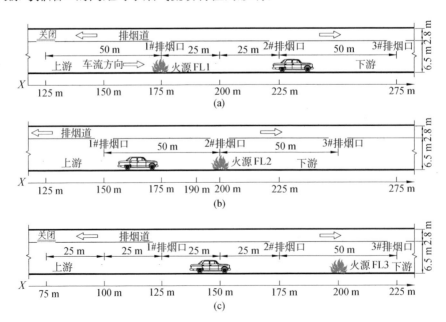

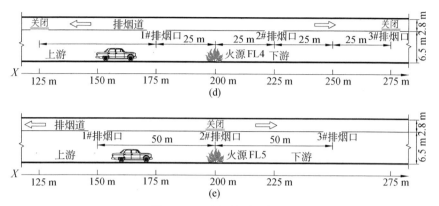

图 3-14 火源位置侧视图

上海《道路隧道设计规范》(DG/TJ 08-2033-2008)指出,当隧道采用重点排烟时,排烟口应设置在隧道顶部,间距不宜大于60 m。本书计算模型两个相邻排烟口之间的间距为50 m,烟口尺寸为 2 m×4 m,长边的方向延隧道纵向布置,排烟口尺寸如图 3-15所示。

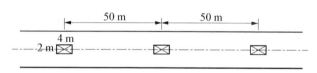

图 3-15 排烟口形状俯视图

3.4.1 开启火源一侧排烟口时火灾特性分析

第 1 组工况模拟了仅开启火源一侧排烟口的情况,火源(FL1)位于 1♯排烟口正下方,共开启 3 个排烟口,分布位于火源上方及火源下游,如图 3-14 (a)所示。在未设置重点排烟系统时,火灾产生的烟气形成向上运动的烟气羽流,羽流到达烟道板后,向四周自由蔓延,遇到隧道两侧墙面的阻挡后烟气逐渐下沉,随后烟气的运动转变为一维的水平流动为主。当仅开启火源下游一侧排烟口时,火源下游的烟气蔓延范围得到控制,当烟气运动到排烟口区域时,将进入排烟道排出隧道;火源上游的烟气与未设置重点排烟系统时的运动规律相似。

对于大规模火灾(工况 FL1-50),隧道中间纵断面不同时刻温度分布规律如图 3-16 所示;在计算时间 $t=300$ s 时,烟气向上游蔓延的范围约为 45 m,烟气向下游蔓延的范围被限制在火源和 3♯排烟口之间;$t=600$ s 时,烟气向上游蔓延的范围超过 200 m,火源两侧高温区域集中在隧道顶部,烟道板下方高温区域厚度约为 1.63 m;随着火灾的不断发展,隧道顶部高温烟气厚度逐渐增加,$t=900$ s 时,高温烟气厚度约为 2.65 m,烟气向下游蔓延的范围始终限制在 100 m 范围内。

高度 $H=2.0$ m 处不同时刻温度沿纵向分布规律如图 3-17 所示;火灾发生 540 s 之后,

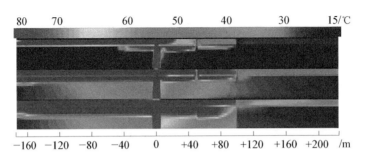

图 3-16　工况 FL1-50,隧道中间纵断面不同时刻温度分布规律(300 s;
　　　　 600 s; 900 s)

H=2.0 m 处的温度基本保持稳定,并不会随着火灾的继续发展而显著升高;火源上游 15 m
至火源下游 50 m 范围内的温度超过了 45℃,其他区域在 H=2.0 m 处的温度均低于 45℃,能
够满足疏散逃生环境的要求。烟道板下方不同时刻温度沿纵向分布规律如图 3-18 所示;可
以发现,烟道板下方火源下游距离大于 100 m 区域的温度始终小于 20℃,与初始环境相比变
化较小,这表明火源下游的烟气始终控制在火源和 3♯排烟口之间。火源下游两个排烟口能
够控制 50 MW 大型规模火灾烟气的蔓延;烟道板下方火源上游的温度在 t=420 s 之后迅速增
加,在 t=540 s 时温度均大于 50℃;烟道板下方最高温度约为 360℃,这低于混凝土材料温度
限值 400℃。

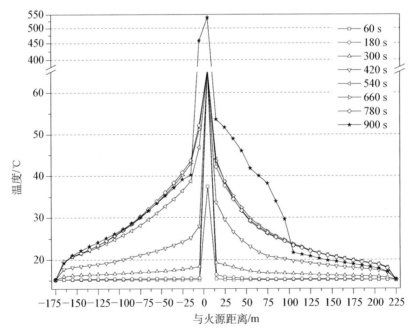

图 3-17　工况 FL1-50 不同时刻温度沿纵向分布规律(H=2.0 m)

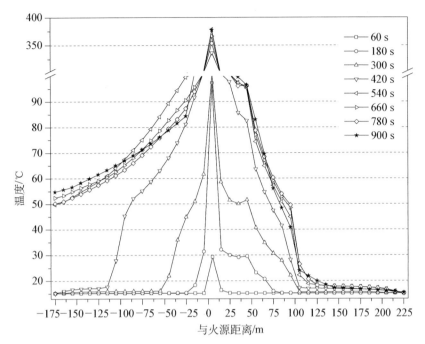

图 3-18 工况 FL1-50 不同时刻温度沿纵向分布规律(H=6.5 m)

对于中等规模火灾(工况 FL1-20),隧道中间纵断面不同时刻温度分布规律如图 3-19
所示;在计算时间 $t=300$ s 时,烟气向上游蔓延的范围较小,烟气向下游蔓延的范围约为50 m;
$t=600$ s 时,烟气向上游蔓延的范围约为 40 m,烟道板下方高温区域厚度约为 1.1 m;随着计
算时间的增加,隧道顶部高温烟气厚度基本不变,$t=900$ s 时烟气向上游蔓延的范围小于
75 m。由于下游排烟口的排烟作用,烟气蔓延范围可以控制在火源和 3♯排烟口之间的 100 m
范围内,火源下游隧道顶部的烟气温度小于 50℃,明显小于上游顶部烟气温度。高度 $H=$
2.0 m 处不同时刻温度沿纵向分布规律如图 3-20 所示;火源上游−5 m 至火源下游−35 m 范
围内温度较高,其他区域在 $H=2.0$ 处的温度均低于 30℃;火灾发生 420 s 之后,$H=2.0$ m 处
的温度基本保持稳定,并不会随着火灾的继续发展而显著升高。烟道板下方不同时刻温度沿
纵向分布规律如图 3-21 所示;可以发现,烟道板下方火源下游 50 m 范围之后的温度迅速下

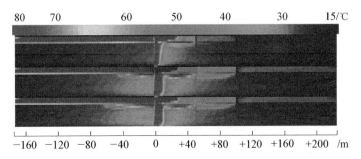

图 3-19 工况 FL1-20,隧道中间纵断面不同时刻温度分布规律
(300 s; 600 s; 900 s)

降,这是由于 2♯ 排烟口的重点排烟作用;烟道板下方火源下游距离大于 100 m 区域的温度始终小于 18℃,基本与初始环境一致,这表明开启火源下游两个排烟口已经能够控制 20 MW 中等规模火灾烟气的蔓延。

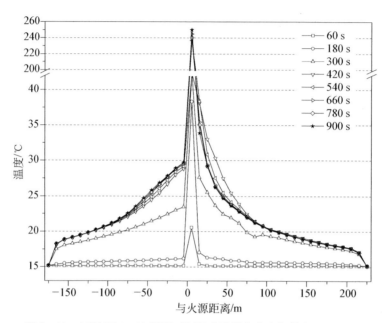

图 3‑20   工况 FL1‑20 不同时刻温度沿纵向分布规律($H=2.0$ m)

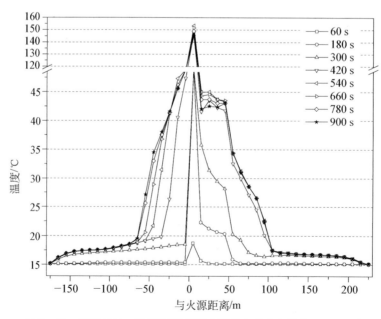

图 3‑21   工况 FL1‑20 不同时刻温度沿纵向分布规律($H=6.5$ m)

对于小规模火灾(工况 FL1‐5),隧道中间纵断面不同时刻温度分布规律如图 3‐22 所示。在 900 s 的计算时间内,烟气向上游、下游蔓延的范围均较小;高温区域主要集中在火源附近。不同时刻温度沿纵向分布规律如图 3‐23 和图 3‐24 所示。在高度 $H=2.0$ m 处,最高温度小于 60℃,明显低于中等规模火灾和大规模火灾的最高温度。这表明这对于小规模的火灾,排烟口开启的位置在火源一侧,能够控制烟气的蔓延,保证隧道下部空间的疏散逃生救援环境。

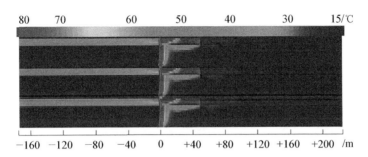

图 3‐22 工况 FL1‐5,隧道中间纵断面不同时刻温度分布规律
(300 s; 600 s; 900 s)

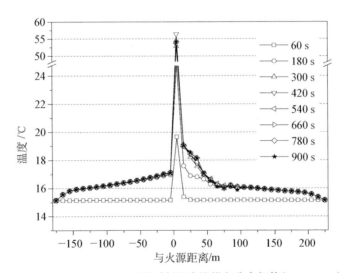

图 3‐23 工况 FL1‐5 不同时刻温度沿纵向分布规律($H=2.0$ m)

3.4.2 对称开启火源两侧排烟口时火灾特性分析

第 2 组工况模拟了对称开启火源两侧排烟口的情况,火源(FL2)位于 2♯排烟口正下方,共开启 3 个排烟口,分布位于火源上方、火源上游和火源下游,如图 3‐14(b)所示。

对于大规模火灾(工况 FL2‐50),隧道中间纵断面不同时刻温度分布规律如图 3‐25 所示;在计算时间 $t=300$ s 时,烟气的蔓延范围在上游排烟口和下游排烟口之间,向火源两侧各蔓延约 50 m;$t=600$ s 时,烟气向火源两侧大约各蔓延了 110 m,火源两侧高温区域主要集

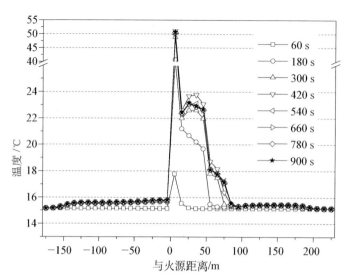

图 3 - 24 工况 FL1‑5 不同时刻温度沿纵向分布规律（$H=6.5$ m）

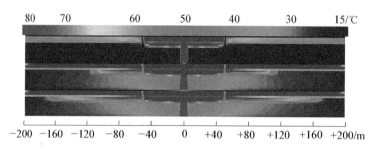

图 3 - 25 工况 FL2‑50,隧道中间纵断面不同时刻温度分布规律（300 s;
          600 s; 900 s）

中在隧道顶部,烟道板下方高温区域厚度约为 1.1 m;随着计算时间的增加,火灾烟气逐渐向更远的区域蔓延,$t=900$ s 时烟气向火源两侧大约各蔓延了 170 m,高温烟气厚度基本保持不变。在高度 $H=2.0$ m,不同时刻温度沿纵向分布规律如图 3‑26 所示;计算结果表现出较好的对称性,这与计算模型的对称布置有关;火灾发生 540 s 之后,$H=2.0$ m 处的温度基本保持稳定,并不会随着火灾的继续发展而显著升高;在火源上游−5 m 至火源下游+5 m 范围内的温度较高,其他区域在 $H=2.0$ m 处的温度均低于 45℃,满足疏散逃生环境的要求。烟道板下方不同时刻温度沿纵向分布规律如图 3‑27 所示;可以发现,烟道板下方与火源距离大于50 m 区域的温度始终小于 60℃,排烟口位置的温度明显降低,存在明显的烟气层吸穿现象;隧道顶部在 1♯和 3♯排烟口之间区域的温度较高,这表明对称开启火源上游、下游的排烟口能够控制 50 MW 大型规模火灾烟气的蔓延。但是在计算时间 $t=420$ s 时,烟道板下方最高温度接近 600℃,已经超过混凝土材料温度限值 400℃,随着火灾的持续发展最高温度不断增加,这对烟道板结构安全造成威胁。火源上方 2♯排烟口的最高温度约为 790℃,这是由于火灾烟气主要通过火源顶部的 2♯排烟口进入排烟道,导致大量烟气聚集使得温度较高。因此,在

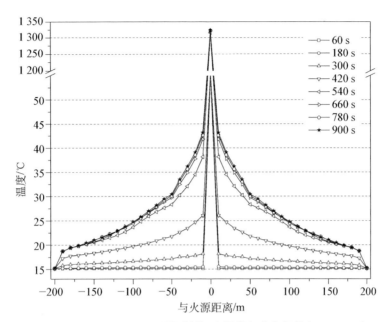

图 3‑26　工况 FL2‑50 不同时刻温度沿纵向分布规律(*H*=2.0 m)

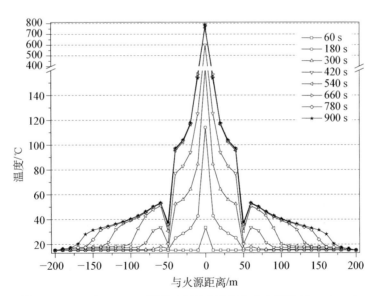

图 3‑27　工况 FL2‑50 不同时刻温度沿纵向分布规律(*H*=6.5 m)

50 MW大型规模火灾时,虽然能够维持隧道下部疏散逃生环境,但是高温会对火源上方区域的烟道板结构安全造成威胁。

对于中等规模火灾(工况 FL2‑20),隧道中间纵断面不同时刻温度分布规律如图 3‑28 所示;在计算时间 *t*=300 s时,烟气的蔓延范围在上游排烟口和下游排烟口之间,向火源两侧各蔓延约 50 m;*t*=600 s时,烟气的蔓延范围仍然在上游排烟口和下游排烟口之间,但是烟道板下方高温区域厚度略有增加;随着计算时间的增加,火灾烟气并没有向更远的区域蔓延,$t=900$ s 时烟气依然被控制在上、下游两个排烟口之间,高温烟气厚度相对于 $t=600$ s 时也没有明显改变。

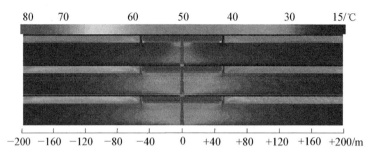

图 3‑28 工况 FL2‑20,隧道中间纵断面不同时刻温度分布规律(300 s;
　　　　600 s; 900 s)

　　在高度 $H=2.0$ m,不同时刻温度沿纵向分布规律如图 3‑29 所示,计算结果表现出较好的对称性;火灾发生 420 s 之后,$H=2.0$ m 处的温度基本保持稳定,并不会随着火灾的继续发展而显著升高;在火源上游 -5 m 至火源下游 $+5$ m 范围内的温度较高,其他区域在 $H=2.0$ m 处的温度均低于 $40℃$,满足疏散逃生环境的要求。

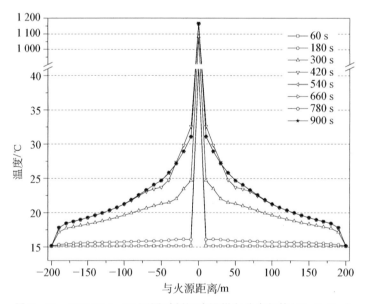

图 3‑29 工况 FL2‑20 不同时刻温度沿纵向分布规律($H=2.0$ m)

　　烟道板下方不同时刻温度沿纵向分布规律如图 3‑30 所示;可以发现,烟道板下方与火源距离大于 50 m 区域的温度始终小于 $20℃$,排烟口位置的温度低于 $23℃$;隧道顶部在火源和排烟口之间上部区域的温度低于 $30℃$,这表明对称开启火源上游、下游的排烟口能够有效控制 20 MW 中等规模火灾烟气的蔓延。但是火源上方 2♯排烟口的最高温度约为 $710℃$,这是由于火灾烟气主要通过火源顶部的 2♯ 排烟口进入排烟道,使得在 1♯ 和 3♯ 排烟口之间的排烟道区域温度较高,其他区域的温度较低。

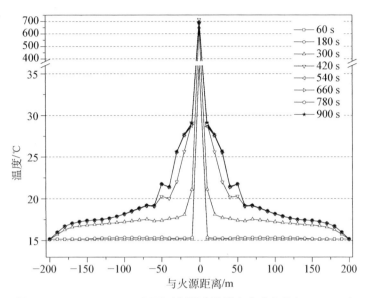

图 3‑30 工况 FL2‑20 不同时刻温度沿纵向分布规律($H=6.5$ m)

对于小规模火灾(工况 FL2‑5),隧道中间纵断面不同时刻温度分布规律如图 3‑31 所示;在 900 s 的计算时间内,隧道内烟气分布基本保持不变,烟气向上游、下游蔓延的范围均较小,高温区域主要集中在火源附近。

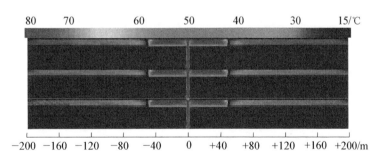

图 3‑31 工况 FL2‑5 不同时刻温度沿纵向分布规律(300 s;600 s;900 s)

在高度 $H=2.0$ m,不同时刻温度沿纵向分布规律如图 3‑32 所示,计算结果表现出较好的对称性。火灾发生 300 s 之后,$H=2.0$ m 处的温度基本保持稳定,并不会随着火灾的继续发展而升高;在火源上游 −5 m 至火源下游 +5 m 范围内的温度略高,其他区域在 $H=2.0$ m 处的温度均低于 18℃,与隧道原始环境接近。烟道板下方不同时刻温度沿纵向分布规律如图 3‑33 所示;可以发现,在整个计算时间 900 s 内,温度基本保持稳定,并不会随着火灾的继续发展而显著升高,高温区域主要集中在火源区域。最高温度约为 220℃,这低于混凝土材料温度限值 400℃。

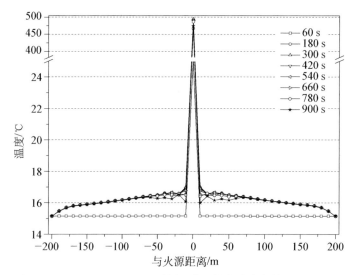

图 3-32　工况 FL2-5 不同时刻温度沿纵向分布规律($H=2.0$ m)

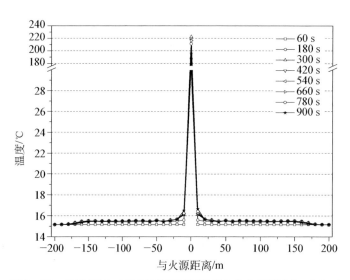

图 3-33　工况 FL2-5 不同时刻温度沿纵向分布规律($H=6.5$ m)

在整个 900 s 计算时间内,隧道下部空间的温度相对于初始环境始终没有明显升高,这说明充足的排烟速率能够在小规模火灾时维持隧道内安全的疏散环境,对称开启排烟口的重点排烟系统能够有效控制 5 MW 小规模火灾的烟气蔓延。

3.4.3　非对称开启火源两侧排烟口时火灾特性分析

第 3 组工况模拟了非对称开启火源两侧排烟口的情况,火源(FL3)位于 2♯ 和 3♯ 排烟口中间,共开启 3 个排烟口,包括火源上游 2 个和火源下游 1 个,如图 3-14(c)所示。

对于大规模火灾(工况 FL3-50),隧道中间纵断面不同时刻温度分布规律如图 3-34 所

示;在计算时间 $t=300$ s 时,烟气向上游蔓延的范围约为 75 m,烟气向下游蔓延的范围约为
75 m;火源两侧高温区域主要集中在隧道顶部,2♯排烟口和3♯排烟口之间烟道板下方高温
区域厚度约为 2.65 m;1♯排烟口和2♯排烟口之间烟道板下方高温区域厚度约为 1.50 m。
随着火灾的不断发展,烟气不断向火源两端蔓延。在计算时间 $t=600$ s 时,烟气向上游蔓延的
范围约为 150 m;烟气向下游蔓延的范围超过了 200 m;火源两侧高温区域主要集中在隧道顶
部,2♯排烟口和3♯排烟口之间烟道板下方高温区域厚度约为 3.2 m;1♯排烟口和2♯排烟
口之间烟道板下方高温区域厚度约为 1.85 m;与火源距离大于 25 m 下游区域高温烟气厚度
约为 1.85 m。在计算时间 $t=900$ s 时,烟气向上游蔓延的范围接近 200 m;烟气向下游蔓延的
范围超过了 200 m;火源两侧高温区域主要集中在隧道顶部,烟道板下方高温烟气厚度与 $t=$
600 s 时接近。

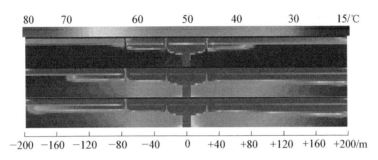

图 3-34   工况 FL3-50,隧道中间纵断面不同时刻温度分布规律(300 s;
          600 s; 900 s)

在高度 $H=2.0$ m,不同时刻温度沿纵向分布规律如图 3-35 所示。计算结果的非对称性
并不明显,这说明非对称开启排烟口并不会引起隧道高度 $H=2.0$ m 处温度的非对称分布。
火灾发生 540 s 之后,$H=2.0$ m 处的温度基本保持稳定,并不会随着火灾的继续发展而显著
升高;火源上游−15 m 至火源下游+25 m 范围内的温度均高于 45℃,其他区域在 $H=2.0$ m
处的温度均低于 45℃,满足疏散逃生环境的要求。烟道板下方不同时刻温度沿纵向分布规律
如图 3-36 所示;可以发现,火源上游−75 m 至火源下游+50 m 范围内的温度均高于 100℃;
火源上游,烟气蔓延距离超过 1♯排烟口之后,温度迅速下降,存在明显的烟气层吸穿现象。
在 $t=540$ s 时烟道板下方最高温度约为 490℃,这已经超过混凝土材料温度限值 400℃。这表
明非对称开启火源上游、下游的排烟口虽然能够维持隧道下部空间的疏散逃生环境,但是并不
能有效地排出 50 MW 大型规模火灾产生的烟气,使得火源附近上部空间区域的温度较高,威
胁烟道板结构的安全。

对于中等规模火灾(工况 FL3-20),隧道中间纵断面不同时刻温度分布规律如图 3-37
所示。在计算时间 $t=300$ s 时,烟气向上游、下游蔓延的范围约为 75 m;火源两侧高温区域主
要集中在隧道顶部,2♯排烟口和3♯排烟口之间烟道板下方高温区域厚度约为 2.2 m;1♯排
烟口和2♯排烟口之间烟道板下方高温区域厚度约为 1.2 m。随着火灾的不断发展,烟气不断

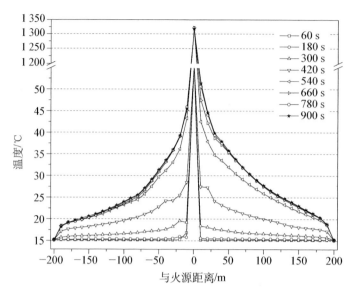

图 3‑35　工况 FL3‑50 不同时刻温度沿纵向分布规律($H=2.0$ m)

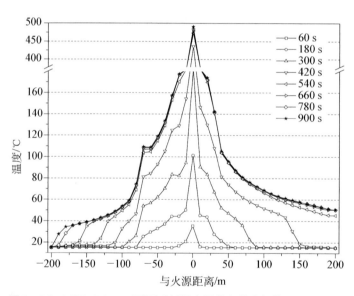

图 3‑36　工况 FL3‑50 不同时刻温度沿纵向分布规律($H=6.5$ m)

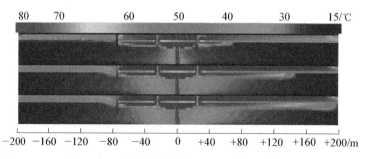

图 3‑37　工况 FL3‑20,隧道中间纵断面不同时刻温度分布规律(300 s;
　　　　600 s; 900 s)

向下游蔓延,烟气向上游蔓延的范围始终限制在火源和1♯排烟口之间。在计算时间 $t=600$ s时,烟气向下游蔓延的范围约为 145 m;2♯排烟口和3♯排烟口之间烟道板下方高温区域厚度约为 2.4 m;与火源距离大于 25 m 下游区域高温烟气厚度约为 1.35 m。在计算时间 $t=900$ s时,烟气向下游蔓延的范围接近 200 m,烟气向上游蔓延的范围始终限制在火源和1♯排烟口之间,烟气向隧道两端的蔓延规律表现出较大的非对称性,这与排烟口的非对称开启有关。火源两侧高温区域主要集中在隧道顶部,烟道板下方高温烟气厚度与 $t=600$ s时接近。

在高度 $H=2.0$ m,不同时刻温度沿纵向分布规律如图 3－38 所示。计算结果的非对称性并不明显,这说明非对称开启排烟口并不会导致隧道高度 $H=2.0$ m 处温度的非对称分布。火灾发生 420 s 之后,$H=2.0$ m 处的温度基本保持稳定,并不会随着火灾的继续发展而显著升高;高温区域主要集中在火源上游 5 m 至火源下游 5 m 范围内,其他区域在 $H=2.0$ m 处的温度均低于 40℃,满足疏散逃生环境的要求。烟道板下方不同时刻温度沿纵向分布规律如图 3－39 所示;可以发现,烟气向火源下游蔓延距离超过 3♯排烟口之后,温度迅速下降;烟道板下方与火源距离大于 50 m 区域的温度始终小于 50℃。烟气向火源上游蔓延距离超过 1♯排烟口之后,温度迅速下降,并且低于 20℃与初始环境温度接近。

在整个 900 s 计算时间内,隧道下部空间的温度相对于初始环境始终没有明显升高,非对称开启排烟口的重点排烟系统能够控制 20 MW 中等规模火灾的烟气蔓延,隧道下部空间能够满足安全疏散逃生。但是在 $t=300$ s 时烟道板下方最高温度高于 400℃,这已经超过混凝土材料温度限值 400℃。这表明非对称开启火源上游、下游的排烟口虽然能够维持隧道下部空间的疏散逃生环境,但是并不能有效地排出 20 MW 中等规模火灾产生的烟气,使得火源附近上部空间区域的温度较高,威胁烟道板结构的安全。

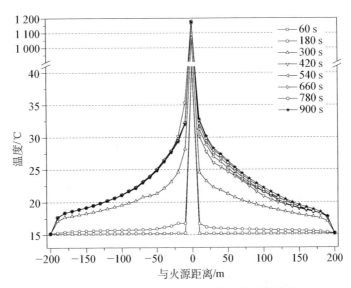

图 3－38　工况 FL3－20 不同时刻温度沿纵向分布规律($H=2.0$ m)

97

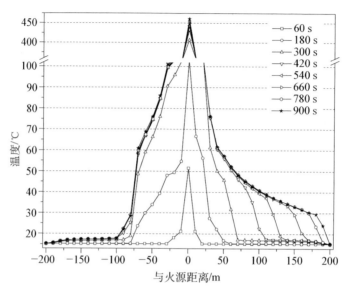

图 3 - 39　工况 FL3 - 20 不同时刻温度沿纵向分布规律(H=6.5 m)

对于小规模火灾(工况 FL3 - 5),隧道中间纵断面不同时刻温度分布规律如图 3 - 40 所示;在计算时间 t=300 s 时,烟气向上游蔓延的范围约为 75 m,烟气向下游蔓延的范围约为 50 m;火源两侧高温区域主要集中在隧道顶部,排烟口之间的排烟道内的温度高于 80℃。2♯排烟口和 3♯排烟口之间烟道板下方高温区域厚度约为 1.85 m;1♯排烟口和 2♯排烟口之间烟道板下方高温区域厚度约为 1.1 m。随着火灾的不断发展,隧道顶部和排烟道内的高温烟气温度逐渐减小,如图 3 - 40 所示,在计算时间 t=600 s 时,排烟道内的温度已经低于 60℃,低于 t=300 s 时排烟道内的温度。这是由于排烟道两侧的轴流风机需要经过一定的时间才能达到设计排烟量,火灾发生 160 s 后热释放率达到稳定值 5 MW,轴流风机到达设计排烟量后不仅能够控制 5 MW 小规模火灾的烟气蔓延,而且在火灾发生 300 s 之后,有足够的能力降低烟气浓度和温度。

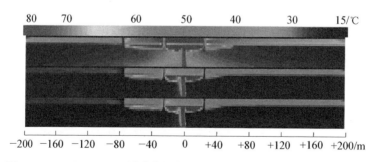

图 3 - 40　工况 FL3 - 5,隧道中间纵断面不同时刻温度分布规律(300 s;600 s; 900 s)

在高度 H=2.0 m,不同时刻温度沿纵向分布规律如图 3 - 41 所示。计算结果的非对称性并不明显,这说明对于小规模火灾非对称开启排烟口并不会导致隧道高度 $H=2.0$ m处温度的非对称分布。火灾发生 300 s 时温度最高,随后由于排烟系统充足的排烟量和稳定的火灾规模,车道层 $H=2.0$ m 处的温度反而降低;火灾发生 420 s 之后,$H=2.0$ m 处的温度基本保持稳定,并不会随着火灾的继续发展而升高;高温区域主要集中在火源上游−5 m 至火源下游+5 m 范围内,其他区域在 $H=2.0$ m 处的温度均低于 30℃,满足疏散逃生环境的要求。烟道板下方不同时刻温度沿纵向分布规律如图 3-42 所示;可以发现,烟气向火源上游蔓延距离超过 1♯排烟口之后,温度迅速下降,并且低于 20℃,与初始环境温度接近;烟气向火源下游蔓延距离超过 3♯排烟口之后,温度迅速下降,基本与初始环境一致。

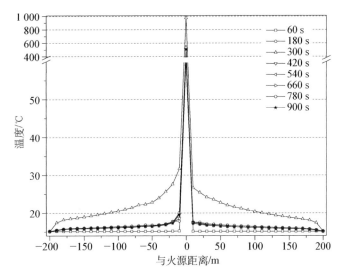

图 3-41 工况 FL3-5 不同时刻温度沿纵向分布规律($H=2.0$ m)

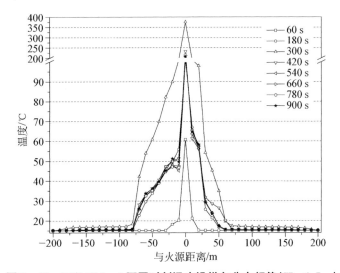

图 3-42 工况 FL3-5 不同时刻温度沿纵向分布规律($H=6.5$ m)

在整个 900 s 计算时间内,隧道下部空间的温度相对于初始环境始终没有明显升高,非对称开启排烟口的重点排烟系统能够控制 5 MW 小规模火灾的烟气蔓延,隧道下部空间能够满足安全疏散逃生要求。

根据以上分析,非对称开启火源两侧的排烟口时,排烟口数量多的一侧,烟气蔓延范围较小;排烟口数量少的一侧,烟气蔓延范围控制效果较差。因此,可以在坡度较大的区段或存在纵向风速时,采用开启火源两侧不同数量排烟口的策略来改变火灾烟气的蔓延规律。

3.4.4 排烟口间距对纵断面火灾特性的影响

在隧道集中排烟量和排烟口面积确定后,排烟口间距是影响隧道烟气蔓延分布规律的关键因素。通过第 4 组和第 5 组工况对比了排烟口数量相同时,火源与排烟口的间距 50 m 或 100 m 对于烟气流动特性的影响,这种情况可能出现在火源正上方排烟口无法打开、排烟口最大间距加倍时。

1. 排烟口间距 50 m

第 4 组工况模拟了火源(FL4)位于两个排烟口中间的情况,仅开启 2 个排烟口,包括火源上游−25 m 处排烟口和火源下游+25 m 处排烟口,如图 3-14 (d)所示。

对于工况 FL4-50,隧道中间纵断面不同时刻温度分布规律如图 3-43 所示。在计算时间 $t=300$ s 时,烟气的蔓延范围超过了上游排烟口和下游排烟口,向火源两侧各蔓延约 70 m,两个排烟口之间烟道板下方的高温烟气层厚度约为 2.5 m;随着计算时间的增加,火灾烟气逐渐向更远的区域蔓延,$t=600$ s 时烟气向火源两侧蔓延范围超过了 200 m,火源两侧高温区域主要集中在隧道顶部,烟道板下方高温区域厚度约为 2.6 m;$t=900$ s 时高温烟气层厚度继续增大,烟道板下方高温区域厚度约为 3.5 m。

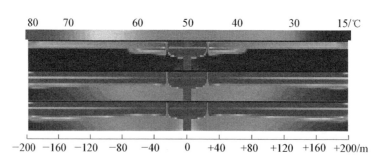

图 3-43 工况 FL4-50,隧道中间纵断面不同时刻温度分布规律(300 s; 600 s; 900 s)

在高度 $H=2.0$ m,不同时刻温度沿纵向分布规律如图 3-44 所示,计算结果表现出较好的对称性,这与计算模型的对称布置有关。火灾发生 600 s 之后,$H=2.0$ m 处的温度基本保持稳定,并不会随着火灾的继续发展而显著升高;高温区域主要集中在火源附近−5～+5 m 范围内,其他区域在 $H=2.0$ m 处的温度均低于 50℃,满足疏散逃生环境的要求。烟道板下方不同时刻温度沿纵向分布规律如图 3‑45 所示;可以发现,与火源距离为 25 m 排烟口位置的温度明显大幅度降低,存在明显的烟气层吸穿现象。烟道板下方与火源距离大于 50 m 区域的温度小于 80℃;隧道顶部在两个排烟口之间区域的温度较高,在计算时间 $t=420$ s 时,烟道板下方最高温度接近 400℃,并且随着火灾的持续发展不断增加,将超过混凝土材料温度限值 400℃。在计算时间 $t=900$ s 时,烟道板下方最高温度接近 500℃,这对烟道板结构安全造成威胁。因此,在 50 MW 大型规模火灾时仅打开火源附近的两个排烟口虽然能够维持隧道下部疏散逃生环境,但是高温会对火源上方区域烟道板结构安全造成威胁。

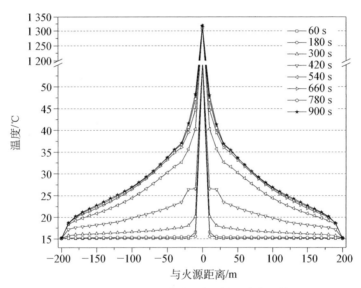

图 3‑44 工况 FL4‑50 不同时刻温度沿纵向分布规律(H=2.0 m)

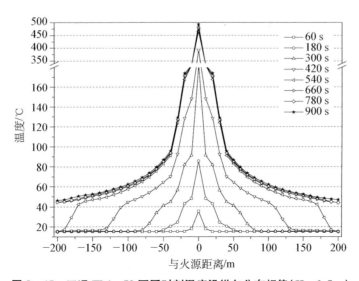

图 3‑45 工况 FL4‑50 不同时刻温度沿纵向分布规律(H=6.5 m)

对于工况 FL4－20,隧道中间纵断面不同时刻温度分布规律如图 3－46 所示;在计算时间 $t=300$ s 时,烟气的蔓延范围超过了上游排烟口和下游排烟口,向火源两侧各蔓延约 50 m,两个排烟口之间烟道板下方的高温烟气层厚度约为 2.0 m;随着计算时间的增加,火灾烟气逐渐向更远的区域蔓延,$t=600$ s 时烟气向火源两侧大约各蔓延 120 m,火源两侧高温区域主要集中在隧道顶部,烟道板下方高温区域厚度与 $t=300$ s 时接近;$t=900$ s 时高温烟气层厚度并没有继续增大,烟气向火源两侧蔓延范围继续增加至 150 m。

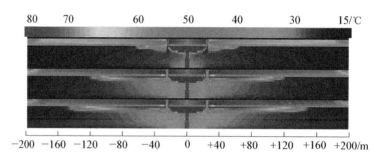

图 3－46 工况 FL4－20,隧道中间纵断面不同时刻温度分布规律(300 s;600 s; 900 s)

在高度 $H=2.0$ m,不同时刻温度沿纵向分布规律如图 3－47 所示,计算结果表现出较好的对称性。火灾发生 420 s 之后,$H=2.0$ m 处的温度基本保持稳定,并不会随着火灾的继续发展而显著升高;高温区域主要集中在火源附近范围内,其他区域在 $H=2.0$ m 处的温度均低于 40℃,满足疏散逃生环境的要求。烟道板下方不同时刻温度沿纵向分布规律如图 3－48 所示;可以发现,与火源距离为 25 m 排烟口位置的温度明显大幅度降低,烟道板下方与火源距离

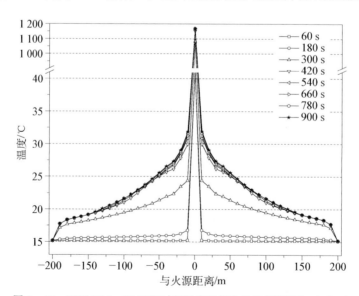

图 3－47 工况 FL4－20 不同时刻温度沿纵向分布规律($H=2.0$ m)

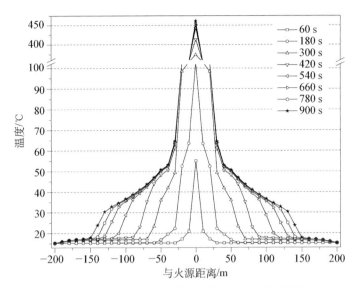

图 3 - 48　工况 **FL4** - **20** 不同时刻温度沿纵向分布规律(*H* = 6.5 m)

大于 25 m 区域的温度小于 60℃;隧道顶部在两个排烟口之间区域的温度较高,在计算时间 *t* =
300 s 时,烟道板下方最高温度接近 375℃,并且随着火灾的持续发展不断增加,将超过混凝土
材料温度限值 400℃。在计算时间 *t* = 420 s 时,烟道板下方最高温度超过 400℃,这对烟道板
结构安全造成威胁。因此,在 20 MW 大型规模火灾时,仅打开火源附近的两个排烟口虽然能
够维持隧道下部疏散逃生环境,但是高温会对火源上方区域的烟道板结构安全造成威胁。

　　对于工况 FL4 - 5,隧道中间纵断面不同时刻温度分布规律如图 3 - 49 所示;在 900 s 的计
算时间内,烟气向上游、下游蔓延的范围仅在两个排烟口之间 50 m 的范围内;高温区域主要集
中在火源附近。在高度 *H* = 2.0 m,不同时刻温度沿纵向分布规律如图 3 - 50 所示,计算结果
表现出较好的对称性。火灾发生 180 s 之后,*H* = 2.0 m 处的温度基本保持稳定,并不会随着
火灾的继续发展而升高;高温区域主要集中在火源上游 -5 m 至火源下游 +5 m 范围内,其他
区域在 *H* = 2.0 m 处的温度均低于 16℃,与隧道原始环境接近。烟道板下方不同时刻温度沿
纵向分布规律如图 3 - 51 所示;可以发现,火灾发生 180 s 之后,温度基本保持稳定,并不会随
着火灾的继续发展而显著升高,高温区域主要集中在两个排烟口之间。最高温度约为 158℃,
低于混凝土材料温度限值 400℃。

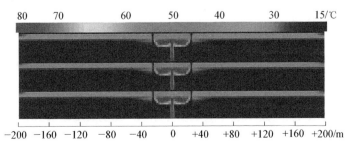

图 3 - 49　工况 **FL4** - **5**,隧道中间纵断面不同时刻温度分布规律
　　　　　(**300 s**;**600 s**;**900 s**)

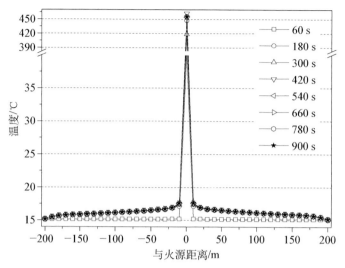

图3-50 工况FL4-5不同时刻温度沿纵向分布规律(*H*=2.0 m)

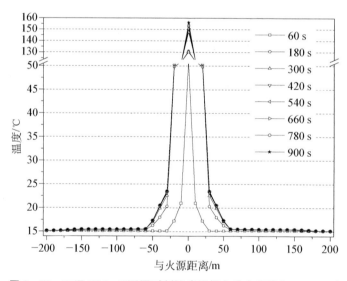

图3-51 工况FL4-5不同时刻温度沿纵向分布规律(*H*=6.5 m)

在整个900 s计算时间内,隧道下部空间的温度相对于初始环境始终没有明显升高,对称开启两个间距为50 m的排烟口能够有效控制5 MW小规模火灾的烟气蔓延,隧道下部空间能够满足安全疏散逃生要求。

2. 排烟口间距100 m

第5组工况模拟了火源(FL5)位于排烟口正下方而导致该排烟口无法正常开启的情况,开启火源上游−50 m处的排烟口和火源下游+50 m处的排烟口,火源距离排烟口间距为50 m,如图3-14(e)所示。

对于工况FL5-50,隧道中间纵断面不同时刻温度分布规律如图3-52所示。在计算时

间 $t=300$ s 时,烟气的蔓延范围超过了上游排烟口和下游排烟口,向火源两侧各蔓延约 90 m,两个排烟口之间烟道板下方的高温烟气层厚度约为 2.5 m;随着计算时间的增加,火灾烟气逐渐向更远的区域蔓延,$t=600$ s 时烟气向火源两侧大约各蔓延超过了 200 m,火源两侧高温区域主要集中在隧道顶部,烟道板下方高温区域厚度约为 2.7 m;$t=900$ s 时高温烟气层厚度继续增大,烟道板下方高温区域厚度约为 3.2 m。

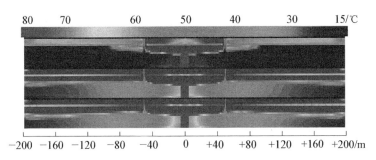

图 3-52　工况 FL5-50,隧道中间纵断面不同时刻温度分布规律(300 s;
**　　　　　600 s; 900 s)**

在高度 $H=2.0$ m,不同时刻温度沿纵向分布规律如图 3-53 所示,计算结果表现出较好的对称性,这与计算模型排烟口对称开启有关。火灾发生 600 s 之后,$H=2.0$ m 处的温度基本保持稳定,并不会随着火灾的继续发展而显著升高;高温区域主要集中在火源附近 25 m 范围内,其他区域在 $H=2.0$ m 处的温度均低于 50℃,满足疏散逃生环境的要求。

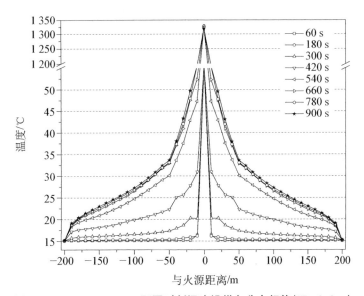

图 3-53　工况 FL5-50 不同时刻温度沿纵向分布规律($H=2.0$ m)

烟道板下方不同时刻温度沿纵向分布规律如图 3-54 所示;可以发现,与火源距离为 50 m 排烟口位置的温度明显大幅度降低,烟道板下方与火源距离大于 50 m 区域的温度小于

100℃；隧道顶部在两个排烟口之间区域的温度较高，在计算时间 $t=420$ s 时，烟道板下方最高温度接近 425℃，超过混凝土材料温度限值 400℃，并且随着火灾的持续发展温度不断增加。在计算时间 $t=900$ s 时，烟道板下方最高温度接近 500℃，这对烟道板结构安全造成威胁。因此，在 50 MW 大型规模火灾时，仅打开火源附近的两个间距 100 m 的排烟口虽然能够维持隧道下部疏散逃生环境，但是高温会对火源上方区域的烟道板结构安全造成威胁。

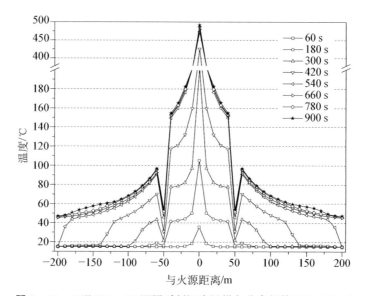

图 3‑54　工况 FL5‑50 不同时刻温度沿纵向分布规律（$H=6.5$ m）

对于工况 FL5‑20，隧道中间纵断面不同时刻温度分布规律如图 3‑55 所示。在计算时间 $t=300$ s 时，烟气的蔓延范围超过了上游排烟口和下游排烟口，向火源两侧各蔓延约 70 m，两个排烟口之间烟道板下方的高温烟气层厚度约为 1.85 m；随着计算时间的增加，火灾烟气逐渐向更远的区域蔓延，$t=600$ s 时烟气向火源两侧大约各蔓延 130 m，火源两侧高温区域主要集中在隧道顶部，烟道板下方高温区域烟气层厚度与 $t=300$ s 时接近；$t=900$ s 时高温烟气层厚度并没有继续增大，烟气向火源两侧蔓延范围继续增加至 160 m。

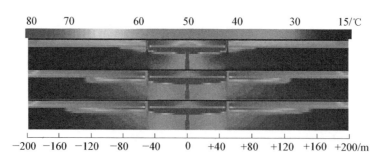

图 3‑55　工况 FL5‑20，隧道中间纵断面不同时刻温度分布规律（300 s；
　　　　 600 s；900 s）

在高度 $H=2.0$ m,不同时刻温度沿纵向分布规律如图 3-56 所示,计算结果表现出较好的对称性,这与计算模型排烟口对称开启有关。火灾发生 420 s 之后,$H=2.0$ m 处的温度基本保持稳定,并不会随着火灾的继续发展而显著升高;高温区域主要集中在火源附近范围内,其他区域在 $H=2.0$ m 处的温度均低于 40℃,满足疏散逃生环境的要求。

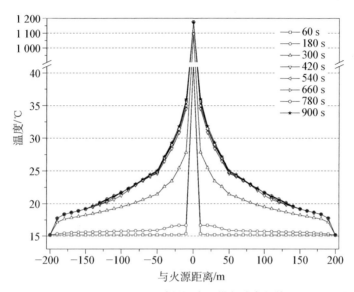

图 3-56 工况 FL5-20 不同时刻温度沿纵向分布规律($H=2.0$ m)

烟道板下方不同时刻温度沿纵向分布规律如图 3-57 所示;可以发现,与火源距离为50 m 排烟口位置的温度明显大幅度降低,烟道板下方与火源距离大于 50 m 区域的温度小于 50℃;

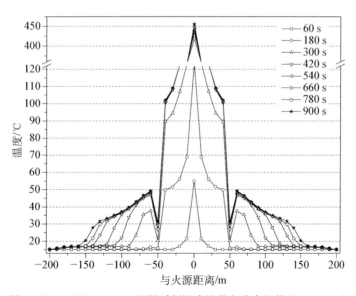

图 3-57 工况 FL5-20 不同时刻温度沿纵向分布规律($H=6.5$ m)

隧道顶部在两个排烟口之间区域的温度较高,在计算时间 $t=300\text{ s}$ 时,烟道板下方最高温度接近 425℃,超过混凝土材料温度限值 400℃,并且随着火灾的持续发展不断增加。在计算时间 $t=900\text{ s}$ 时,烟道板下方最高温度超过 450℃,这对烟道板结构安全造成威胁。因此,在 20 MW 大型规模火灾时,仅打开火源附近的两个排烟口虽然能够维持隧道下部疏散逃生环境,但是高温会对火源上方区域的烟道板结构安全造成威胁。

对于工况 FL5-5,隧道中间纵断面不同时刻温度分布规律如图 3-58 所示;在 900 s 的计算时间内,烟气向上游、下游蔓延的范围仅在两个排烟口之间 100 m 范围内,高温区域主要集中在火源附近。

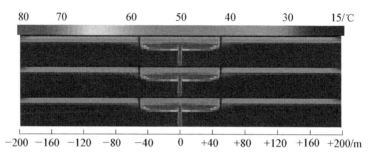

图 3-58 工况 FL5-5,隧道中间纵断面不同时刻温度分布规律(300 s; 600 s; 900 s)

在高度 $H=2.0\text{ m}$,不同时刻温度沿纵向分布规律如图 3-59 所示。火灾发生 180 s 之后,$H=2.0\text{ m}$ 处的温度基本保持稳定,并不会随着火灾的继续发展而升高;高温区域主要集中在火源上游 -5 m 至火源下游 $+5\text{ m}$ 范围内,其他区域在 $H=2.0\text{ m}$ 处的温度均低于 17℃,与隧道原始环境接近。烟道板下方不同时刻温度沿纵向分布规律如图 3-60 所示;可以发现,火灾发生 180 s 之后,温度基本保持稳定,并不会随着火灾的继续发展而显著升高,高温区域主要集中在两个排烟口之间。最高温度约为 185℃,低于混凝土材料温度限值 400℃。

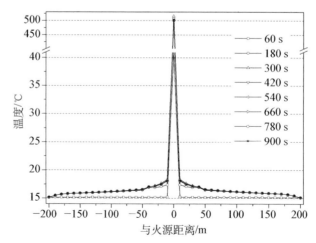

图 3-59 工况 FL5-5 不同时刻温度沿纵向分布规律($H=2.0\text{ m}$)

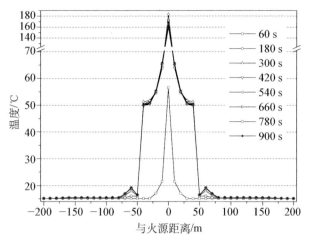

图 3-60   工况 FL5-5 不同时刻温度沿纵向分布规律 (H=6.5 m)

在整个 900 s 计算时间内,隧道下部空间的温度相对于初始环境始终没有明显升高,对称开启两个间距为 100 m 的排烟口能够有效控制 5 MW 小规模火灾的烟气蔓延,隧道下部空间能够满足安全疏散逃生要求。

排烟口的间距 50 m 和 100 m 时烟气蔓延范围和拱顶处最高温度如表 3-16 所示,排烟口间距增大使得烟气蔓延范围增大。在大规模火灾时,烟气蔓延范围均超出了计算模型的边界,仅开启两个排烟口使得排烟效率降低,烟道板下方温度较高,威胁结构安全。张志刚(2013)经过研究发现对于火灾规模为 15 MW 的情况,排烟口间距为 50 m 时的烟气蔓延范围与排烟口间距为 25 m 时的烟气蔓延范围大体一致。

表 3-16   排烟口的间距 50 m 和 100 m 时烟气流动特性

工况	烟气蔓延范围			温度
	$t=300$ s 上游/下游	$t=600$ s 上游/下游	$t=900$ s 上游/下游	T_{max} ($H=6.5$ m)
FL4-50	70 m 70 m	>200 m >200 m	>200 m >200 m	495
FL5-50	90 m 90 m	>200 m >200 m	>200 m >200 m	495
FL4-20	50 m 50 m	120 m 120 m	160 m 160 m	465
FL5-20	70 m 70 m	130 m 130 m	160 m 160 m	460
FL4-5	25 m 25 m	25 m 25 m	25 m 25 m	158
FL5-5	50 m 50 m	50 m 50 m	50 m 50 m	185

另外,对比第 2 组工况和第 5 组工况,能够研究火源正上方排烟口无法打开时,排烟口数量减少,排烟口间距增大对排烟效果的影响。通过图 3-61 可以发现,开启 2 个排烟口的排烟

效率明显低于开启 3 个排烟口的排烟效率,当计算时间 $t=900$ s 时,开启 3 个排烟口时烟气蔓延范围约为 170 m,仅开启 2 个排烟口时烟气蔓延范围已经超过 200 m;高温烟气同样集中在隧道上部空间,但是排烟口减少时高温烟气层厚度明显加大。

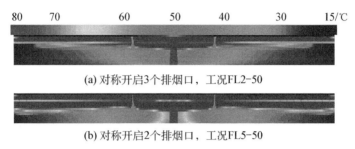

(a) 对称开启3个排烟口,工况FL2-50

(b) 对称开启2个排烟口,工况FL5-50

图 3 - 61　$t=900$ s,隧道中间纵断面不同时刻温度分布规律

3.5　重点排烟模式长大道路隧道火灾烟气流动特性影响因素

　　影响重点排烟模式火灾烟气流动特性的因素很多,主要包括排烟口间距、排烟口尺寸、排烟速率、火灾规模、排烟道位置、排烟道横断面、车道层横断面等因素。其中依据火灾规模确定排烟量之后,排烟口间距、排烟口尺寸和排烟速率是较为重要的影响因素。排烟口间距对重点排烟火灾烟气流动特性的影响已在本章 3.4 节进行了论述,本节将主要针对排烟口尺寸和排烟速率进行研究。另外,已有的大量隧道火灾 CFD 研究(Lin 和 Chuah,2008;Li 和 Chow,2003;Caliendo 等,2012)都是考虑火源发生在横断面中间位置,并且多是小断面隧道(单车道或双车道)。对于三车道的大断面隧道,火灾可能发生在任意一条车道上,这使得火源在横断面上的位置(中间车道或侧边车道)也成为影响重点排烟火灾烟气流动特性的因素。

　　本书在研究各影响因素对重点排烟模式长大道路隧道火灾烟气流动特性的影响时,主要考虑了排烟口形状、火源在横断面上的位置和排烟道轴流风机排烟速率等因素,通过分析典型横断面上的火灾特性,分析了各个因素对重点排烟模式隧道火灾特性的影响。排烟口的形状包括三种形式:2 m×4 m、1 m×8 m 和 4 m×2 m。火源在横断面的位置包括火源位于中间车道和左侧车道两种情况。排烟道两端设有轴流风机,分析了三种轴流风机的排烟量,包括120 m³/s、96 m³/s 和 60 m³/s。

　　计算工况如表 3 - 17 所示,共计算了 18 种工况,分为 6 组(Ⅰ、Ⅱ、Ⅲ、Ⅳ、Ⅴ、Ⅵ),每组包含 3 种火灾规模,即小规模火灾 5 MW、中等规模火灾 20 MW 和大规模火灾 50 MW。各个工况的火源位置和排烟口开启位置均相同,排烟口间距为 50 m,火源位于两个排烟口中间,火灾时开启火源邻近的两个排烟口,如图 3 - 62 所示。首先,通过第Ⅰ组、第Ⅱ组和第Ⅵ组工况比分析了排烟口尺寸(长宽比和布置形式)对排烟效果的影响。通过三种类型的排烟口,研究了排烟口面积相同时,排烟口的形状和布置形式对排烟效果的影响,三种排烟口类型如图 3 - 63 所示。第Ⅰ组工况为排烟口为 A 类,尺寸为 2 m×4 m 的横向矩形,短边沿隧道纵向布置。

第Ⅱ组工况为排烟口为B类,尺寸为1 m×8 m的横向矩形,短边沿隧道纵向布置。第Ⅵ组工况为排烟口为C类,尺寸为4 m×2 m的纵向矩形,长边沿隧道纵向布置。然后,通过第Ⅰ组和第Ⅲ组工况对比分析了火源发生在中间车道和侧边车道时,横断面上的火灾烟气特性。第Ⅰ组工况,火源位于中间车道;第Ⅲ组工况,火源位于左侧车道,如图3-64所示。最后,通过第Ⅰ组、第Ⅱ组和第Ⅵ组工况研究排烟道两端轴流风机排烟速率的改变对重点排烟系统排烟效率的影响。

表3-17　　　　　　　　横断面火灾烟气流动特性计算工况表

序号	工况	火灾规模/MW	尺寸/m×m	火源位置	排烟量/m³·s⁻¹	网格数量(长×高×宽)	计算时间
1	工况Ⅰ-5	5	A:2×4	中间	120	93×37×46	156 h 37 min
2	工况Ⅰ-20	20				108×55×70	366 h 34 min
3	工况Ⅰ-50	50				108×55×70	396 h 27 min
4	工况Ⅱ-5	5	B:1×8	中间	120	100×55×69	267 h 00 min
5	工况Ⅱ-20	20				100×55×69	224 h 31 min
6	工况Ⅱ-50	50				100×55×69	225 h 36 min
7	工况Ⅲ-5	5	A:2×4	左侧	120	108×55×70	257 h 45 min
8	工况Ⅲ-20	20				108×55×70	421 h 34 min
9	工况Ⅲ-50	50				108×55×70	421 h 16 min
10	工况Ⅳ-5	5	A:2×4	中间	96	108×53×66	382 h 59 min
11	工况Ⅳ-20	20				108×53×66	325 h 10 min
12	工况Ⅳ-50	50				108×53×66	383 h 56 min
13	工况Ⅴ-5	5	A:2×4	中间	60	108×56×70	251 h 46 min
14	工况Ⅴ-20	20				108×56×70	251 h 35 min
15	工况Ⅴ-50	50				108×56×70	251 h 44 min
16	工况Ⅵ-5	5	C:4×2	中间	120	123×67×55	450 h 35 min
17	工况Ⅵ-20	20				123×69×55	451 h 47 min
18	工况Ⅵ-50	50				139×69×55	462 h 41 min

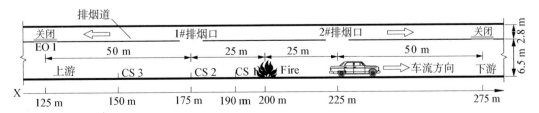

图3-62　火源位置侧视图

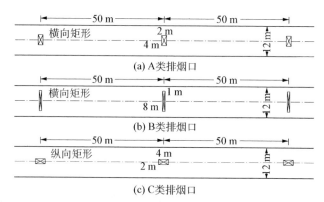

图 3-63　排烟口类型示意图

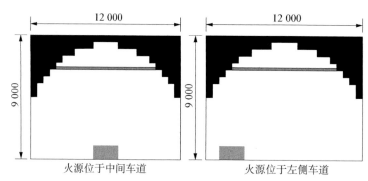

火源位于中间车道　　　　　　火源位于左侧车道

图 3-64　火源位置示意图

本书通过对比分析三个典型横断面中间车道竖向温度、消光系数和 CO 浓度变化规律,探究了排烟口形状、火源在横断面上的位置和排烟速率对重点排烟的影响。主要分析了大规模火灾时,火源上游 10 m、25 m 和 50 m 三个典型横断面(CS1、CS2、CS3)温度、消光系数和 CO 浓度分布规律(图 3-65—图 3-67)。三个典型断面位置分别代表了近火源区域、排烟口区域和远离火源区域(图 3-62)。

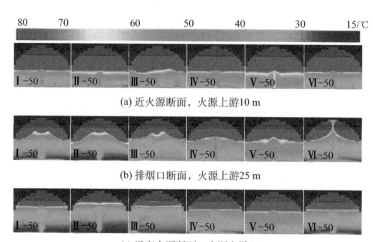

(a) 近火源断面,火源上游10 m

(b) 排烟口断面,火源上游25 m

(c) 远离火源断面,火源上游50 m

图 3-65　各组工况中 50 MW 大规模火灾典型断面温度分布图

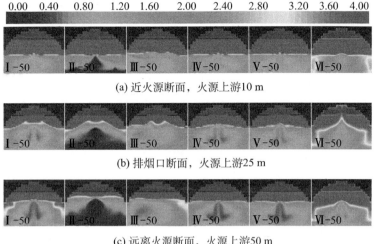

(a) 近火源断面，火源上游10 m

(b) 排烟口断面，火源上游25 m

(c) 远离火源断面，火源上游50 m

图 3 - 66　各组工况中 50 MW 大规模火灾典型断面消光系数 K_{smoke} 分布图

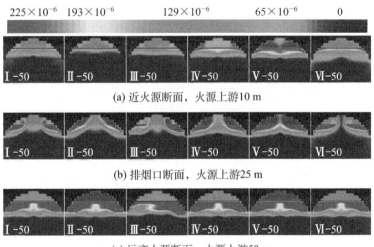

(a) 近火源断面，火源上游10 m

(b) 排烟口断面，火源上游25 m

(c) 远离火源断面，火源上游50 m

图 3 - 67　各组工况中 50 MW 大规模火灾典型断面 CO 浓度分布图

3.5.1　排烟口形状对重点排烟火灾特性的影响

本书通过横断面火灾特性研究了排烟口形状对重点排烟效率的影响。计算工况包括三种类型的排烟口，如图 3-63 所示，A 类排烟口为 2 m×4 m，长宽比为 2；B 类排烟口为 1 m×8 m，长宽比为 8；C 类排烟口为 4 m×2 m，长边沿纵向布置。

三种类型排烟口所对应各个工况在 $H=2.0$ m 处的温度、能见度和 CO 浓度，如表 3 - 18 所示。对于不同的火灾规模，排烟口形式的改变对排烟效果的影响程度也不同。随着火灾规模增大，长宽比增大对火灾排烟效率的影响更为显著。

表 3-18　　　第Ⅰ、Ⅱ、Ⅵ组工况在典型断面烟气计算结果($t=900$ s)

断面位置	工况	$T/℃$		能见度/m	$C_{co}(×10^{-6})$
		高度 H			
		6.5 m	2.0 m	2.0	2.0 m
近火源断面 (火源上游 10 m)	工况Ⅰ-5	102	17	>10	≪225
	工况Ⅱ-5	112	18	>10	≪225
	工况Ⅵ-5	66	18	>10	≪225
	工况Ⅰ-20	251	31	>10	≪225
	工况Ⅱ-20	261	34	>10	≪225
	工况Ⅵ-20	156	35	10	≪225
	工况Ⅰ-50	368	46	3	≪225
	工况Ⅱ-50	405	46	>10	≪225
	工况Ⅵ-50	372	48	3	≪225
排烟口断面 (火源上游 25 m)	工况Ⅰ-5	19	16	>10	≪225
	工况Ⅱ-5	21	17	>10	≪225
	工况Ⅵ-5	51	17	>10	≪225
	工况Ⅰ-20	36	27	>10	≪225
	工况Ⅱ-20	67	27	>10	≪225
	工况Ⅵ-20	110	30	>10	≪225
	工况Ⅰ-50	110	36	3.5	≪225
	工况Ⅱ-50	96	33	>10	≪225
	工况Ⅵ-50	56	38	3	≪225
远离火源断面 (火源上游 50 m)	工况Ⅰ-5	16	16	>10	≪225
	工况Ⅱ-5	16	17	>10	≪225
	工况Ⅵ-5	17	16	>10	≪225
	工况Ⅰ-20	64	25	>10	≪225
	工况Ⅱ-20	24	25	>10	≪225
	工况Ⅵ-20	31	25	>10	≪225
	工况Ⅰ-50	144	32	4.5	≪225
	工况Ⅱ-50	80	30	>10	≪225
	工况Ⅵ-50	160	33	4	≪225

对于小规模火灾(5 MW),三种类型排烟口对 $H=2.0$ m 处疏散逃生环境影响较小,各个工况的温度、能见度和 CO 浓度的计算结果与隧道初始环境较为接近;烟道板下方的最高温度也都在 900 s 的火灾过程中低于 150℃,并不会影响结构的安全。对于中等规模火灾,三种类型排烟口在 $H=2.0$ m 处疏散逃生环境影响较小,满足疏散逃生环境的要求;烟道板下方的最高温度也都在 900 s 的火灾过程中低于 270℃,并不会影响结构的安全。50 MW 大规模火灾时,三种类型排烟口在高度 $H=2.0$ m 处温度相似,均小于 60℃,CO 浓度均小于 225×10^{-6},但是能见度存在明显的差异,B 类排烟口在高度 $H=2.0$ m 处的能见度明显大于 A、C 类排烟口。本书对大规模火灾在火源上游 10 m、25 m 和 50 m 三个典型横断面温度变化规律探究排烟口形状对隧道内烟气分布规律和排烟效率的影响。

1. 近火源断面

三种类型排烟口在 50 MW 大规模火灾时近火源断面温度分布如图 3-65(a)所示,在近火源断面的温度分布较为相似,并无明显差别。近火源断面消光系数分布如图 3-66(a)所示,可以直观地发现能见度有明显差异,B 类排烟口优于 A 类排烟口,A 类排烟口优于 C 类排烟口。近火源断面 CO 浓度分布如图 3-67(a)所示,可以直观地发现 CO 浓度分布规律一致,并且与能见度规律相似,隧道上部空间 CO 浓度已经超过 225×10^{-6},但是隧道下部空间 CO 浓度较低。

$t=900$ s 时,大规模火灾(工况 I-50、II-50 和 VI-50)在近火源断面(上游-10 m)中间车道竖向温度、消光系数和 CO 浓度变化规律如图 3-68—图 3-70 所示。在高度 $H<3.5$ m 的范围内温度上升幅度较小,三个工况温度较为接近,温度相对于初始环境约上升了 30℃。

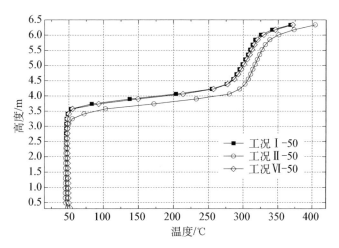

图 3-68 $t=900$ s 时,近火源断面 CS1(上游 10 m)中间车道竖向温度变化规律

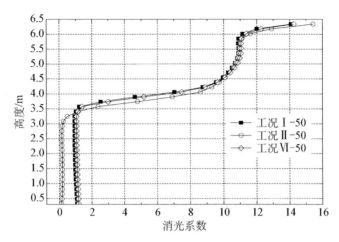

图 3-69 $t=900$ s 时,近火源断面 CS1(上游 10 m)中间车道竖向消光系数 K_{smoke} 变化规律

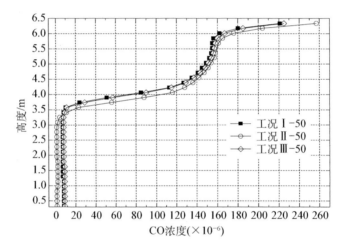

图 3-70 $t=900$ s 时,近火源断面 CS1(上游 10 m)中间车道竖向CO 浓度变化规律

在高度 $H<3.5$ m 的下部空间,工况 II-50 的 CO 浓度相对于工况 I-50 和 VI-50 较小,能见度较好,高温烟气更多地聚集在隧道上部高度 $H>4.5$ m 的上部空间,使得火源附近隧道下部空间的环境得到改善。在高度 $H=4.0$ m 处,工况 II-50 的温度约为 280℃,比工况 I-50 高约 80℃,工况 VI-50 的温度比工况 I-50 高约 15℃。在高度 $H>4.5$ m 的上部空间,工况 I-50 和 VI-50 的温度、能见度和 CO 浓度变化规律基本一致;在相同高度处工况 II-50 的温度比工况 I-50 高约 40℃,消光系数和 CO 浓度也都高于工况 I-50 和 II-50。

这表明工况 II-50 聚积在火源和排烟口之间隧道上部空间的高温烟气较多,使得靠近火源断面上部空间的温度较高,B 类排烟口排烟能力优于 A、C 类排烟口。

2. 排烟口断面

三种类型排烟口在 50 MW 大规模火灾时排烟口断面温度分布如图 3-65(b)所示,温度分层主要呈上凹形分布,拱顶中心处的温度比拱顶两侧和拱腰部位高,可以发现 C 类排烟口有明显的烟气层吸穿现象,排烟口排烟效率较低。排烟口断面消光系数分布如图 3-66(b)所示,可以直观地发现隧道中间车道能见度相对于两侧车道较好,B 类排烟口隧道下部空间能见度较好,优于 A、C 类排烟口。排烟口断面 CO 浓度分布如图 3-67(b)所示,可以发现 CO 浓度在烟道板下方区域已经超过 225×10^{-6},但是隧道下部空间 CO 浓度较低,并不会影响疏散逃生效率。

工况 I-50、II-50 和 VI-50 在排烟口断面(上游 25 m)中间车道竖向温度、消光系数和 CO 浓度变化规律如图 3-71—图 3-73 所示,该横断面位于火源上游排烟口处。在高度 $H<$ 4.5 m 的范围内三个工况温度较为接近,工况 II-50 和 VI-50 相对于工况 I-50 的温度差值小于 5℃,其中工况 II-50 的温度最低。在 $H>5.0$ m 的空间内,工况 I-50 和 II-5 在该断面上的温度、能见度和 CO 浓度变化规律基本一致,温度差值小于 15℃;但是在 $H>5.0$ m 的空间内工况 I-50 比工况 VI-50 的温度高约 50℃,消光系数和 CO 浓度也都明显大于工况 VI-50。

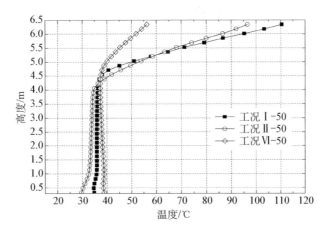

图 3-71 $t=900$ s 时,排烟口断面 CS2(上游 25 m)中间车道
竖向温度变化规律

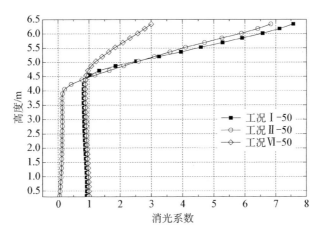

图 3-72 $t=900$ s 时,排烟口断面 CS2(上游 25 m)中间车道
竖向消光系数 K_{smoke} 变化规律

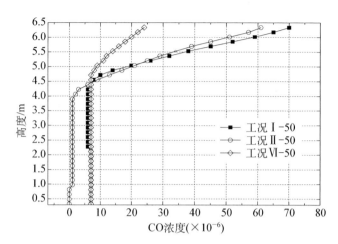

图 3-73 $t=900$ s 时,排烟口断面 CS2(上游 25 m)中间车道竖
向 CO 浓度变化规律

在高度 $H<4.5$ m 的下部空间,工况 II-50 的消光系数和 CO 浓度相对于工况 I-50 和
VI-50 较小,工况 II-50 的温度最低,高温烟气更多地聚集在隧道上部高度 $H>4.5$ m 的空
间,使得距离火源 25 m 处隧道下部空间的环境满足疏散逃生要求。这表明采用 B 类排烟口
时隧道下部疏散逃生环境较好,B 类排烟口排烟能力优于 A、C 类排烟口,因此排烟口横向布
置并且长宽比越大越有利于排烟。

3. 远离火源断面

三种类型排烟口在 50 MW 大规模火灾时远离火源断面温度分布如图 3-65(c)所示,可
以发现虽然三种工况隧道下部空间的温度分布相似,但是烟道板下方高温烟气分布有明显差
别,B 类排烟口温度大于 80℃的范围极小,高温烟气层厚度比 A、C 类排烟口小,这表明 B 类
排烟口的排烟能力较强,烟气更多地通过排烟口排出。远离火源断面消光系数分布如图 3-
66(c)所示,可以直观地发现 B 类排烟口隧道下部空间能见度较好,满足能见度大于 10 m 的安
全疏散要求。远离火源断面 CO 浓度分布如图 3-67(c)所示,可以发现烟道板下方 CO 浓度
与近火源断面相比明显降低,隧道下部空间 CO 浓度与初始环境接近。

火源上游 50 m 处的横断面远离火源和排烟口,工况 I-50、II-50 和 VI-50 在远离火源
断面 CS3(上游 50 m)中间车道竖向温度、消光系数和 CO 浓度变化规律如图 3-74—图 3-76
所示。在高度 $H<4.5$ m 的下部空间,工况 I-50、II-50 和 VI-50 的温度非常接近,但是工
况 II-50 的 CO 浓度和消光系数均小于工况 I-50 和 VI-50。在高度 $H>5.0$ m 的空间,工况
I-50、II-50 和 VI-50 的温度迅速上升,相同位置处,工况 I-50 的温度均高于工况 II-50,
工况 III-50 的温度均高于工况 I-50,消光系数和 CO 浓度也都表现出相似的变化规律。如表
3-18 所示,当排烟口长宽比由 2 增加到 8 时,烟道板下方温度由 144℃降至 80℃,降低约
64℃;工况 VI-50 的温度高于工况 I-50 约 20℃。

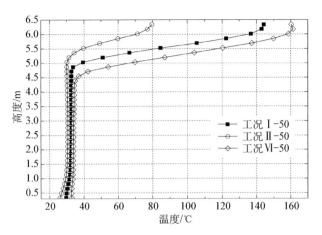

图 3-74 $t=900$ s 时,远离火源断面 CS3(上游 50 m)中间车道竖向温度变化规律

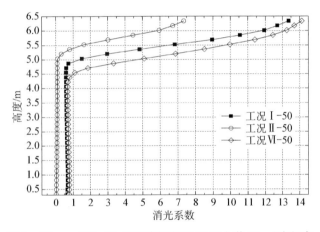

图 3-75 $t=900$ s 时,远离火源断面 CS3(上游 50 m)中间车道竖向消光系数 K_{smoke} 变化规律

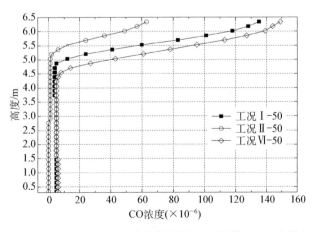

图 3-76 $t=900$ s 时,远离火源断面 CS3(上游 50 m)中间车道竖向 CO 浓度变化规律

这表明工况Ⅱ-50在远离火源的区域内,隧道上部和下部环境均较好,高温烟气更多地通过排烟口排出,使得远离火源断面的温度和CO浓度较低,能见度较好。横向矩形排烟口排烟效率优于纵向矩形排烟口,横向矩形排烟口形状从2 m×4 m改为1 m×8 m更有利于重点排烟。

Vauquelin和Mégret(2002)研究了三种形状的排烟口,包括方形2 m×2 m、纵向矩形5 m×0.8 m和横向矩形0.8 m×5 m,研究结果表明横向矩形比其他两种形状排烟口略有提高效率,纵向矩形排烟口得到的结果与方形排烟口较为相似,这与本书研究结果一致。基于以上计算结果,B类排烟口的排烟效果优于A类排烟口,C类排烟口的效果最差。

3.5.2 火源位置对重点排烟火灾特性的影响

本书计算了火源发生在中间车道和左侧车道的工况,如图3-64所示,第Ⅰ组工况火源位于中间车道,第Ⅲ组工况火源位于左侧车道。已有的大量隧道火灾CFD研究都是考虑火源发生在横断面中间位置,并且多是小断面隧道(单车道或双车道)。Caliendo(2012)等模拟了一个弯曲的双向道路隧道中重型货车发生50 MW火灾的影响,在横断面考虑了两个火源位置——隧道中心和车道中央。对于三车道的大断面隧道,火灾可能发生在任意一条车道上。

表3-19 第Ⅰ组和第Ⅲ组工况典型断面烟气计算结果

断面位置	工况	$T/℃$		能见度/m	$C_{\infty}×10^{-6}$
		高度 H			
		6.5 m	2.0 m	2.0	2.0
近火源断面 (火源上游10 m)	工况Ⅰ-5	102	17	＞10	≪225
	工况Ⅲ-5	127	16	＞10	≪225
	工况Ⅰ-20	251	31	＞10	≪225
	工况Ⅲ-20	297	25	＞10	≪225
	工况Ⅰ-50	368	46	3	≪225
	工况Ⅲ-50	434	38	3	≪225
排烟口断面 (火源上游25 m)	工况Ⅰ-5	19	16	＞10	≪225
	工况Ⅲ-5	18	15	＞10	≪225
	工况Ⅰ-20	36	27	＞10	≪225
	工况Ⅲ-20	38	20	＞10	≪225
	工况Ⅰ-50	110	36	3.5	≪225
	工况Ⅲ-50	102	28	3.5	≪225
远离火源断面 (火源上游50 m)	工况Ⅰ-5	16	16	＞10	≪225
	工况Ⅲ-5	17	15	＞10	≪225
	工况Ⅰ-20	64	25	＞10	≪225
	工况Ⅲ-20	55	19	＞10	≪225
	工况Ⅰ-50	144	32	4.5	≪225
	工况Ⅲ-50	122	27	3.8	≪225

50 MW 大规模火灾火源位于中间车道和左侧车道时三处典型断面温度、消光系数和 CO 浓度分布图如图 3-65—图 3-67 所示,各个断面上部空间的高温烟气层厚度较为一致。隧道下部空间分布规律有所不同,当火源位于中间车道时中间车道的能见度相对较好,温度较高;当火源位于左侧车道时左侧车道的能见度相对较好,温度较高。

各个工况在 $H=2.0$ m 处温度、能见度和 CO 浓度如表 3-19 所示。对于小规模火灾(5 MW),火源位于中间车道或左侧对 $H=2.0$ m 处疏散逃生环境影响较小,各个工况的温度、能见度和 CO 浓度的计算结果与隧道初始环境较为接近;烟道板下方的最高温度也都在 900 s 的火灾过程中低于 130℃,并不会影响结构的安全。对于中等规模火灾,三种类型排烟口在 $H=2.0$ m 处疏散逃生环境影响较小,满足疏散逃生环境的要求;烟道板下方的最高温度也都在 900 s 的火灾过程中低于 300℃,并不会影响结构的安全。工况 I-50 和工况 III-50 在近火源断面的最高温度分别为 368℃ 和 434℃,距离火源中心 10 m 断面的烟道板下方温度非常高。但是距离火源中心 25 m 的排烟口断面的温度迅速下降,工况 I-50 和工况 III-50 在近火源断面的最高温度分别为 110℃ 和 102℃。在远离火源断面,工况 I-50 和工况 III-50 在近火源断面的最高温度分别为 144℃ 和 122℃。

1. 近火源断面

火灾发生 900 s 时,工况 I-50 和 III-50 在近火源断面(上游 10 m)中间车道竖向温度、消光系数和 CO 浓度变化规律如图 3-77—图 3-79 所示。工况 I-50 和 III-50 温度在近火源断面表现出三段变化规律。高度 $H<3.5$ m 的空间内,工况 I-50 和工况 III-50 的温度较为接近,能见度和 CO 浓度的计算结果也较为一致,这表明火源发生在侧边车道对于火源附近区域隧道下部空间疏散逃生环境的影响并不显著。

高度 3.5 m$<H<$5.0 m 的空间内,工况 I-50 的温度低于工况 III-50;高度 5.0 m$<H<$6.5 m 的空间内,工况 I-50 的温度高于工况 III-50。在 $H=4.0$ m 高度处,工况 III-50 比工

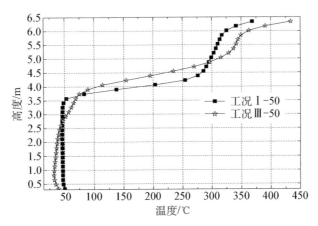

图 3-77 $t=900$ s 时,近火源断面 CS1(上游 10 m)中间车道竖向温度变化规律

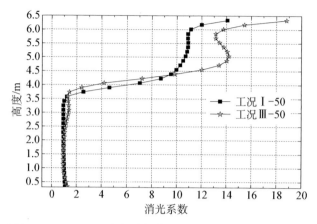

图 3-78 $t=900\,\mathrm{s}$ 时, 近火源断面 CS1(上游 10 m)中间车道
竖向消光系数 K_{smoke} 变化规律

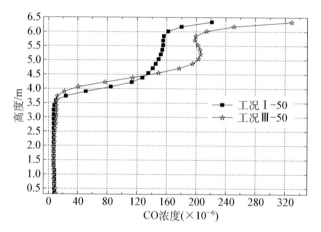

图 3-79 $t=900\,\mathrm{s}$ 时, 近火源断面 CS1(上游 10 m)中间车道
竖向 CO 浓度变化规律

况 Ⅰ-50 的温度低约 100℃。在近火源断面高度 $H>5.0$ m 的上部空间,相同高度处工况
Ⅲ-50 的温度比工况 Ⅰ-50 高约 50℃,这表明火源发生在左侧车道时,导致重点排烟系统排烟
效率降低,工况 Ⅲ-50 在隧道顶部 1.5 m 的范围内聚集了更多的高温烟气,导致隧道上部空间
的温度升高。工况 Ⅲ-50 在近火源断面高度 $H>4.5$ m 的上部空间,消光系数 K_{smoke} 和 CO 浓
度的变化规律与温度的变化规律相同,都明显大于工况 Ⅰ-50。火源发生在侧边车道时导致
排烟效果变差,对于火源附近区域隧道上部环境的影响较为显著,使得隧道上部环境变得更为
恶劣。

　　2. 排烟口断面

　　火灾发生 900 s 时,工况 Ⅰ-50 和 Ⅲ-50 在排烟口断面(上游 25 m)中间车道竖向温度、消
光系数和 CO 浓度变化规律如图 3-80—图 3-82 所示。高度 $H<2.0$ m 的空间内,工况

Ⅰ-50的温度高于工况Ⅲ-50约10℃,但是工况Ⅰ-50的能见度比工况Ⅲ-50略好,CO浓度略低,这表明火源发生在侧边车道对于排烟口位置下部空间疏散逃生环境的影响并不显著。高度4.0 m<H<5.5 m的空间内,两种工况的温度迅速上升,工况Ⅰ-50的温度低于工况Ⅲ-50。高度5.5 m<H<6.5 m的空间内,工况Ⅰ-50的温度高于工况Ⅲ-50。在H=4.0 m高度处,工况Ⅲ-50比工况Ⅰ-50的温度低约10℃,二者的温度差明显小于近火源处的温度差。在排烟口断面高度H>5.5 m的上部空间,相同高度处工况Ⅲ-50的温度比工况Ⅰ-50低约8℃,消光系数K_{smoke}和CO浓度的变化规律与温度的变化规律相同,计算结果也较为接近。这表明由于重点排烟系统排烟速率相同,离开火源一定距离后,火源发生在左侧车道时对隧道内疏散逃生环境的影响减弱,对于排烟口所在断面的烟气分布影响较小。

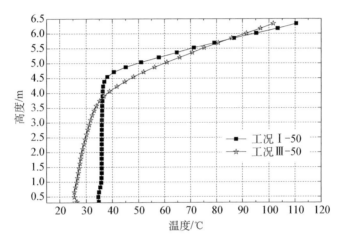

图3-80　t=900 s时,排烟口断面CS2(上游25 m)中间车道竖向温度变化规律

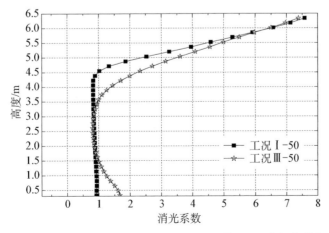

图3-81　t=900 s时,排烟口断面CS2(上游25 m)中间车道竖向消光系数K_{smoke}变化规律

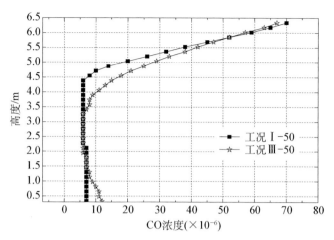

图 3‑82　$t=900\,s$ 时，排烟口断面 CS2（上游 25 m）中间车道竖向 CO 浓度变化规律

3. 远离火源断面

火灾发生 900 s 时，工况 Ⅰ‑50 和 Ⅲ‑50 在远离火源断面（上游 50 m）中间车道竖向温度、消光系数和 CO 浓度变化规律如图 3‑83—图 3‑85 所示。高度 $H<4.5\,m$ 的空间内，工况 Ⅰ‑50 和工况 Ⅲ‑50 温度、能见度和 CO 浓度的计算结果较为接近，这表明火源发生在侧边车道对于远离火源区域隧道下部空间疏散逃生环境的影响并不显著。高度 $H>4.5\,m$ 的空间内，两种工况的温度迅速上升，高温烟气厚度约为 2.0 m，工况 Ⅰ‑50 的温度高于工况 Ⅲ‑50。在 $H=5.5\,m$ 高度处，工况 Ⅲ‑50 比工况 Ⅰ‑50 的温度低约 20℃，两者的温度差明显小于近火源断面处的温度差。在排烟口断面高度 $H>5.5\,m$ 的上部空间，相同高度处工况 Ⅲ‑50 的消光系数 K_{smoke} 和 CO 浓度的变化规律与工况 Ⅰ‑50 的变化规律相同，计算结果也较为接近。$H=2.0\,m$ 高度处能见约为 3.8 m，如表 3‑19 所示。两组工况在整个隧道空间内的 CO 浓度均远小于限值 225×10^{-6}，并且隧道下部空间的浓度接近初始环境的 CO 浓度。

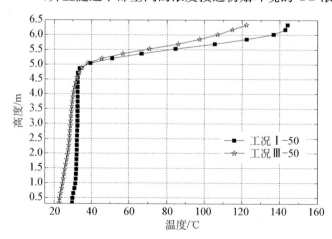

图 3‑83　$t=900\,s$ 时，远离火源断面 CS3（上游 50 m）中间车道竖向温度变化规律

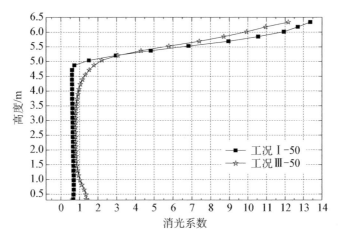

图 3‐84　$t=900\,s$ 时,远离火源断面 CS3(上游 50 m)中间车道竖
向消光系数 K_{smoke} 变化规律

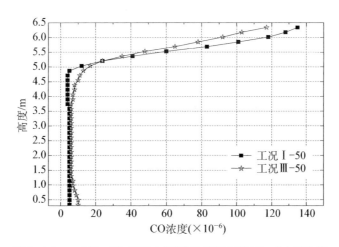

图 3‐85　$t=900\,s$ 时,远离火源断面 CS3(上游 50 m)中间车道
竖向 CO 浓度变化规律

　　由于重点排烟系统排烟速率相同,对于排烟口断面和远离火源区域,随着与火源距离的增加,横断面火源位置的改变对于烟气流动规律的影响逐渐减弱。火源发生在中间车道或者左侧车道对于远离火源区域的烟气分布影响较小。横断面火源位置的改变对于温度竖向变化规律的影响较小,火源由中间车道变为左侧车道时,在 $H<2.0\,m$ 的人员疏散逃生空间,温度、能见度和 CO 浓度仅有轻微区别。

3.5.3　排烟速率对重点排烟火灾特性的影响

　　为了研究排烟道两端轴流风机的排烟速率的改变对重点排烟系统排烟效率以及烟气流动规律的影响,本书模拟了三种排烟速率,单侧排烟风机的速率分别为:120 m³/s(第Ⅰ组工况),96 m³/s(第Ⅳ组工况)和 60 m³/s(第Ⅴ组工况)。

三种排烟速率所对应各个工况在 $H=2.0$ m 处的温度、能见度和 CO 浓度如表 3-20 所示。对于小规模火灾(5 MW),排烟速率降低对 $H=2.0$ m 处疏散逃生环境影响较小,各个工

表 3-20 第Ⅰ组、第Ⅳ组和第Ⅴ组工况典型断面烟气计算结果

断面位置		T/℃		能见度/m	$C_{\infty}(\times 10^{-6})$
		高度 H			
		6.5 m	2.0 m	2.0	2.0
近火源断面 (火源上游 10 m)	工况Ⅰ-5	102	17	>10	≪225
	工况Ⅳ-5	106	18	>10	≪225
	工况Ⅴ-5	111	19	>10	≪225
	工况Ⅰ-20	251	31	>10	≪225
	工况Ⅳ-20	255	38	6.3	≪225
	工况Ⅴ-20	262	44	4.5	≪225
	工况Ⅰ-50	368	46	3	≪225
	工况Ⅳ-50	385	53	3.5	≪225
	工况Ⅴ-50	395	61	3.8	≪225
排烟口断面 (火源上游 25 m)	工况Ⅰ-5	19	16	>10	≪225
	工况Ⅳ-5	23	17	>10	≪225
	工况Ⅴ-5	38	18	>10	≪225
	工况Ⅰ-20	36	27	>10	≪225
	工况Ⅳ-20	63	32	6.8	≪225
	工况Ⅴ-20	91	37	5.2	≪225
	工况Ⅰ-50	110	36	3.5	≪225
	工况Ⅳ-50	191	43	3.6	≪225
	工况Ⅴ-50	278	50	4	≪225
远离火源断面 (火源上游 50 m)	工况Ⅰ-5	16	16	>10	≪225
	工况Ⅳ-5	38	17	>10	≪225
	工况Ⅴ-5	60	18	>10	≪225
	工况Ⅰ-20	64	25	>10	≪225
	工况Ⅳ-20	98	29	8.5	≪225
	工况Ⅴ-20	139	33	7	≪225
	工况Ⅰ-50	144	32	4.5	≪225
	工况Ⅳ-50	188	37	4.6	≪225
	工况Ⅴ-50	228	44	5	≪225

况的温度、能见度和 CO 浓度的计算结果与隧道初始环境较为接近,三个典型断面 $H=$ 2.0 m 处的温度温度均小于 20℃。烟道板下方的最高温度也都在 900 s 的火灾过程中低于 120℃,并不会影响结构的安全。对于中等规模火灾,三种类型排烟口在 $H=2.0$ m 处温度影响较小,均低于 60℃;烟道板下方的最高温度也都在 900 s 的火灾过程中低于 270℃,并不会影响结构的安全。但是排烟速率降低使得中等规模火灾工况下部空间的能见度大幅度下降。

大规模火灾(50 MW)三种排烟速率各工况在三处典型断面温度、消光系数和 CO 浓度分布如图 3 - 65～图 3 - 67 所示,各个断面上部空间的高温烟气层厚度较为一致。但是随着排烟速率降低,隧道下部空间的温度升高,能见度降低,CO 浓度始终较小。

1. 近火源断面

火灾发生 900 s 后,工况 Ⅰ - 50、Ⅳ - 50 和 Ⅴ - 50 在近火源断面(上游 10 m)中间车道竖向温度、消光系数和 CO 浓度变化规律如图 3 - 86—图 3 - 88 所示。在近火源断面高度 $H<$ 3.5 m 的空间内,工况 Ⅰ - 50 的温度约为 45℃,工况 Ⅳ - 50 和 Ⅴ - 50 的温度分别是 55℃ 和 60℃,工况 Ⅴ - 50 的温度已经接近安全疏散逃生环境的限值。在 $H>3.5$ m 的上部空间,温度迅速升高,高温烟气主要聚集在该区域,高温烟气层厚度约为 3.0 m。在近火源断面高度 $H>$ 4.5 m 的上部空间,相同高度处工况 Ⅳ - 50 的温度比工况 Ⅰ - 50 高约 15℃,工况 Ⅴ - 50 的温度比工况 Ⅰ - 50 高约 30℃。这表明,排烟速率降低 25%,使得火源附近区域上部空间的温度上升约 15℃,下部空间的温度上升约 10℃;排烟速率降低 50%,使得火源附近区域上部空间的温度上升约 30℃,下部空间的温度上升约 15℃。三种工况能见度和 CO 浓度变化规律与温度在近火源断面的变化规律基本一致,三种工况在 $H=2.0$ m 处能见度约为 3 m,CO 浓度上升约 $10×10^{-6}$。

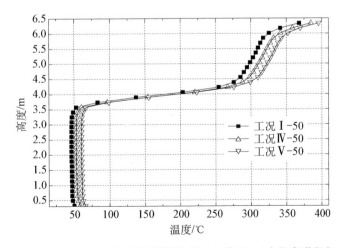

图 3 - 86　$t=900$ s 时,近火源断面 CS1(上游 10 m)中间车道竖向温度变化规律

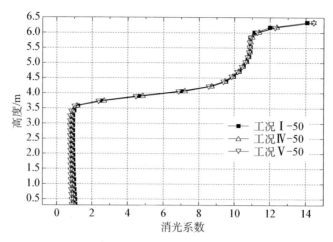

图 3 - 87 t＝900 s 时，近火源断面 CS1（上游 10 m）中间车道竖
向消光系数 K_{smoke} 变化规律

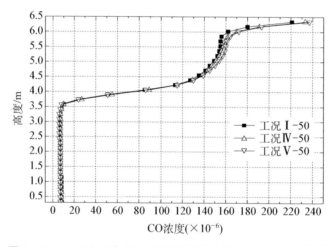

图 3 - 88 t＝900 s 时，近火源断面 CS1（上游 10 m）中间车道竖
向 CO 浓度变化规律

2. 排烟口断面

火灾发生 900 s 后，工况Ⅰ-50、Ⅳ-50 和Ⅴ-50 在排烟口断面（上游 25 m）中间车道竖向温度、消光系数和 CO 浓度变化规律如图 3 - 89—图 3 - 91 所示。在近火源断面高度 $H<$ 4.5 m的空间内，工况Ⅰ-50 的温度约为 35℃，工况Ⅳ-50 和Ⅴ-50 的温度分别升高至 40℃ 和 50℃。

在 $H>4.5$ m的上部空间，温度迅速升高，高温烟气主要聚集在该区域，高温烟气层厚度约为 2.0 m。在近火源断面高度 $H>5.0$ m的上部空间，相同高度处工况Ⅳ-50 的温度明显高于工况Ⅰ-50，工况Ⅴ-50 的温度明显高于工况Ⅳ-50，并且随着高度增加，温度差值变大。工况Ⅰ-50、Ⅳ-50 和Ⅴ-50 在排烟口断面的最高温度分别为 110℃、191℃ 和 278℃，$H=$ 2.0 m处的温度分别为 36℃、43℃ 和 50℃，如表 3 - 20 所示。

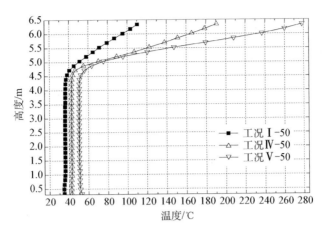

图 3－89　*t*＝900 s 时，排烟口断面 CS2(上游 25 m)中间车道
竖向温度变化规律

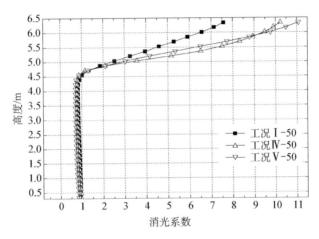

图 3－90　*t*＝900 s 时，排烟口断面 CS2(上游 25 m)中间车道
竖向消光系数 *K*smoke 变化规律

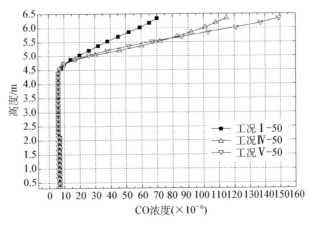

图 3－91　*t*＝900 s 时，排烟口断面 CS2(上游 25 m)中间车道
竖向 CO 浓度变化规律

这表明随着轴流风机排烟速率的降低,隧道内的烟气环境显著恶化。排烟速率降低25%,使得排烟口断面的最高温度上升约80℃,下部空间的温度上升约7℃;排烟速率降低50%,使得排烟口断面的最高温度上升约168℃,下部空间的温度上升约14℃。三种工况能见度和CO浓度变化规律与温度在排烟口断面的变化规律基本一致,三种工况在$H=2.0$ m处能见度约为3.5 m,CO浓度上升极小。

工况Ⅳ-50在排烟口断面的最高温度约为191℃,相对于近火源断面的最高温度385℃下降约194℃,这是由于排烟口断面位于排烟口处,并且与火源的距离相对较远。因此,重点排烟隧道发生火灾时,仅火源附近区域最危险,火源两侧的区域对疏散逃生较为有利。

3. 远离火源断面

火灾发生900 s后,工况Ⅰ-50、Ⅳ-50和Ⅴ-50在远离火源断面(上游50 m)中间车道竖向温度、消光系数和CO浓度变化规律如图3-92—图3-94所示。在远离火源断面高度$H<$

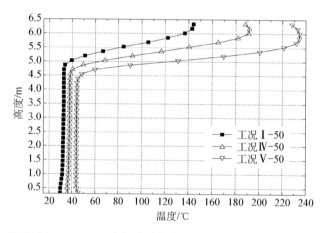

图3-92 $t=900$ s时,远离火源断面CS3(上游50 m)中间车道竖向温度变化规律

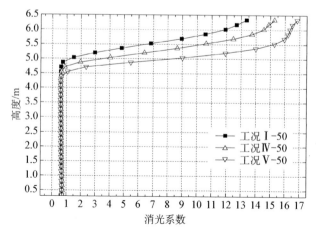

图3-93 $t=900$ s时,远离火源断面CS3(上游50 m)中间车道竖向消光系数K_{smoke}变化规律

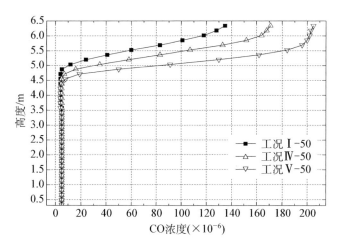

图 3-94 t=900 s 时,远离火源断面 CS3(上游 50 m)中间车道
竖向 CO 浓度变化规律

4.5 m 的空间内,工况 Ⅰ-50 的温度约为 30℃,工况 Ⅳ-50 和 Ⅴ-50 的温度分别升高至 37℃ 和 45℃。在 H>4.5 m 的上部空间,温度迅速升高,高温烟气主要聚集在该区域,高温烟气层厚度约为 2.0 m。

在远离火源断面高度 H>5.0 m 的上部空间,相同高度处工况 Ⅳ-50 的温度明显高于工况 Ⅰ-50,工况 Ⅴ-50 的温度明显高于比工况 Ⅳ-50,并且随着高度增加,温度差值逐渐变大。工况 Ⅰ-50、Ⅳ-50 和 Ⅴ-50 在远离火源断面的最高温度分别为 144℃、188℃ 和 228℃,H=2.0 m 处的温度分别为 32℃、37℃ 和 44℃,如表 3-20 所示。这表明,排烟速率降低 25%,使得远离火源断面的最高温度上升约 44℃,下部空间的温度上升约 5℃;排烟速率降低 50%,使得排烟口断面的最高温度上升约 84℃,下部空间的温度上升约 12℃。三种工况能见度和 CO 浓度变化规律与温度在远离火源断面的变化规律基本一致,三种工况在 H=2.0 m 处能见度约为 4.5 m,CO 浓度上升较小。这表明,即使在设计排烟量降低 50% 的情况下,与火源距离大于 50 m 的区域,温度和 CO 浓度满足疏散要求,但是能见度较差。

三种工况(Ⅰ-50、Ⅳ-50 和 Ⅴ-50)在远离火源断面高度 H>4.5 m 空间的 K_{smoke} 均超过了 0.3,如图 3-93 所示,这表明对于重点排烟模式隧道发生大规模的火灾,烟气主要聚集在车道层的上部空间。车道层下部空间仅能维持能见度大于 4.5 m 的疏散逃生环境,如表 3-20 所示。三组工况 CO 浓度均小于 225×10⁻⁶,计算结果表明 CO 并不是限制疏散逃生的最关键因素,这与计算模型的设置有关,同时也与发生火灾时的车辆类型有关。

改变排烟速率对于近火源断面的温度、能见度和 CO 浓度的影响较小,这是由于与火源中心相距 10 m 以内的区域是最危险的区域,即使有足够的排烟速率,依然无法将烟气排出该区域。但是排烟速率降低,会使得排烟口排烟能力降低,导致排烟口断面烟气环境劣化。排烟速率降低了 50%,H=2.0 m 高度处的温度依然低于 60℃,但是能见度较差。当大断面隧道采用重点排烟模式时,烟气主要聚集在车道层上部,下部空间能够提供满足疏散逃生要求的安全环境。在重点排烟系统控制烟气蔓延时,排烟速率是一个关键参数。

131

4 地下空间火灾的报警与消防

4.1　概述

火灾在发生初期由于规模小、影响范围有限,易于扑救和控制。因此,针对地下空间的环境特点、火灾特性及疏散救援需求,如何及时准确地实现火灾报警并启动有效的消防灭火措施,是避免火势蔓延成灾、减少人员伤亡与财产损失的关键。地下空间中配置的火灾探测报警系统与消防灭火系统是实现其安全运营的重要硬件保障。

4.2　地下空间火灾探测报警方法

4.2.1　火灾探测报警原理

火灾是伴随释放气、烟、热及光的剧烈燃烧过程。通常,火灾最先产生的是气体信号,随后是烟雾、温度及火焰信号。通过探测与分析火灾释放出的不同信号特征(单一信号特征或多种信号特征的组合),形成了不同的火灾探测方法。

1. 感温式火灾探测方法

火灾时剧烈的燃烧会持续向周围空间释放大量的热量,引起周围环境温度发生与正常温度波动显著不同的快速升高(图4-1)。通过分析判断预先设定的报警阈值与周围环境温度升高(定温式),或温升速率(差温式),或温度升高及温升速率(差定温式)的关系,实现对火灾的探测及报警。

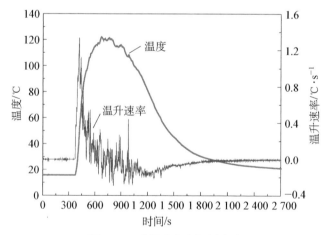

图4-1　感温式火灾探测方法

2. 感烟式火灾探测方法

烟雾是早期火灾的重要特征之一。火灾初期由于燃烧不完全等原因会持续产生大量的微小烟尘固体颗粒,通过探测这些微小烟尘颗粒的存在及数量(质量浓度、体积浓度等)实现对火灾的探测及报警。其中,烟尘颗粒的存在可通过其对电场、光线的吸收与散射等作用来探测。

3. 气体式火灾探测方法

火灾时,伴随燃烧会持续释放 CO、CO_2、NOx、CH_4、H_2、NH_2 等多种气体(与燃烧物有关),通过探测这些气体的存在及浓度等信息,实现对火灾的探测与报警。

4. 感光式火灾探测方法

物质燃烧时,会发出可见或不可见的光辐射。通过探测分析火灾燃烧时火焰的特定光特性,可实现对火灾的探测与报警。其中,对火焰光特性的探测,包括对火焰紫外光谱(波长10～400 nm)、火焰红外光谱(波长 760 nm～1 mm)以及火焰闪烁频率(可燃物具有各自特定的火焰闪烁频率)的探测。为适应火灾发生具有不可预见性的特点,可将模糊算法和人工神经网络方法应用于火焰探测分析中(朱立忠和高涛,2003;Huseynov 等,2005)。此外,通过比较火焰与人造光之间光谱分布的不同,可以较好地区别火焰和其他的辐射源,提高报警精度(Unoki和 Kimura,1983)。

5. 图像式火灾探测方法

火焰及烟雾在视频影像上会呈现出特定的形态学特征(轮廓、纹理特性、面积变化、形体变化、闪烁、蔓延增长特性、相对稳定性等)及颜色特性(色谱、颜色相似度等)(翟文鹏,2009;程鑫;2005;刘晓光;2008)。借助于图像处理技术(噪声滤除、图像锐化、边缘提取、区域分割)、计算模型与识别算法,通过将图像中疑似目标的特征与火焰及烟雾特征进行对比分析,实现火灾报警。图像式火灾探测方法由于是非接触式探测,较适合于大空间、室外以及隧道等场所的火灾探测(周丹,2011)。

为了提高图像型火灾探测方法的灵敏度与可靠性,可将神经网络、概率论等方法引入到火灾探测算法中。Ono 等(2006)开展的试验工作表明:运用神经网络方法能较好地探测到距离摄像头 150 m 范围内的汽车火源,且能够清晰地分辨 50 cm 的火焰高度。Liu 等(2010)通过引入贝叶斯算法来分析视频图像,可有效地将火焰和与火焰颜色相近的移动物体区分开。厉谨(2010)采用基于三层组合分割和 RBF 神经网络的火焰探测算法,可以排除大部分干扰,得到背景复杂火灾图像中的火焰疑似区域。

6. 复合式火灾探测方法

为消除基于单一火灾信号特征报警可能导致的漏报与误报,提高火灾报警的准确性,基于数据融合技术(张杨,2006),通过同时探测多种火灾信号特征并进行综合分析判断(例如,感烟感温式、感烟感光式以及感温感光式等),实现对火灾的探测及报警。

以道路隧道为例,将火焰探测和烟雾探测相结合的方法(Han 和 Lee,2009)以及将感温探测与感烟探测相结合的方法在试验中均表现出较好的火灾探测和预警效果(Aralt 和 Nilsen,2009)。

4.2.2 典型火灾探测器

根据探测原理的不同,火灾探测传感器可分为感温型、感烟型、气体型、感光(火焰)型、图像型以及复合型探测器等六大类(吴龙标和袁宏永,1999;王卫平,2005)。每一类火灾探测器根据其探测对象及原理的不同,又可细分为多个子类,如图 4-2 所示。

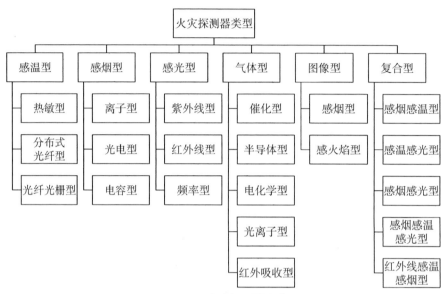

图 4-2 火灾探测器分类

1. 感温式火灾探测器

根据温度敏感部件的不同,可将感温式火灾探测器分为热敏型、分布式光纤型及光纤光栅型等:

(1) 热敏型火灾探测器根据其采用的热敏感材料(易熔合金或热敏绝缘材料、双金属片、热电偶、热敏电阻、半导体材料等)的物理性质随温度变化的特点实现火灾报警。

(2) 分布式光纤火灾探测器(Distributed Fiber Optic Temperature Sensing,DTS)利用光纤作为温度信息的传感和传输介质,基于拉曼散射原理(Raman scattering)探测温度变化并实现火灾报警。

(3) 光纤光栅火灾探测器(Fiber Grating Sensor)是一种波长调制型感温传感器(图 4-3)。当宽带光经光纤传输到光纤布拉格光栅(Fiber Bragg Grating,FBG)处时,光栅将有选择地反射回一窄带光。如图 4-4 所示,当某一光栅处温度发生变化时,其反射的窄带光的中心波长将随之发生改变,通过探测该中心波长的变化,即可获得光栅的位置及其温度信息(王利民和何军,2005),进而实现火灾报警。

图 4-3 光纤光栅

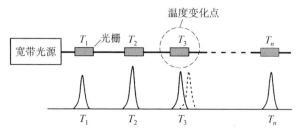

图 4-4 光纤光栅测温原理示意图

2. 感烟式火灾探测器

感烟式火灾探测器有离子感烟式和光电感烟式等类型(图 4-5):

(1)离子感烟式火灾探测器通过探测其电离室内电极之间空气的导电性变化而实现对烟气的探测(烟气粒子蔓延进入电离室时,由于与离子相结合会降低空气的导电性)。

(2)光电感烟式火灾探测器根据烟雾粒子对光线的吸收和散射特性实现对烟气的探测。根据采用的探测光源不同,有一般光电式、激光光电式、紫外光光电式和红外光光电式等类型。

图 4-5 感烟式火灾探测器

图 4-6 可燃气体探测器

3. 气体探测器

气体探测器有催化燃烧式、半导体式、电化学式、光离子式、红外吸收式以及正在发展的智能气体传感器(方俊等,2002)等类型(图 4-6)。其中,催化燃烧式气体探测器是基于难熔金属铂丝加热后的电阻变化来测定可燃气体浓度(可燃气体在铂丝表面引起氧化反应,其产生的热量使铂丝温度升高,导致铂丝的电阻率发生变化)。而半导体式气体探测器是基于气体浓度会导致气敏半导体元件体电阻下降的性能来测定可燃气体的浓度。

4. 感光式火灾探测器

感光式火灾探测器根据其探测对象的不同,可分为紫外火焰探测器(敏感高强度火焰紫外光谱)、红外火焰探测器(敏感高强度火焰红外光谱,图 4-7)以及复合式红外紫外火焰探测器(图 4-8)。

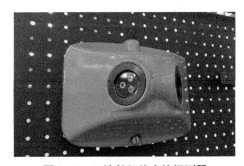
图 4-7 三波长红外火焰探测器

图 4-8 复合式红外紫外火焰探测器

5. 图像型火灾探测器

图像型火灾探测器按探测特征对象的不同,可分为图像型感烟火灾探测器(基于视频图像,通过分析燃烧过程中产生的烟雾进行火灾探测报警)及图像型火焰火灾探测器(基于视频图像,通过分析燃烧过程中产生的火焰进行火灾探测报警)。

6. 复合式火灾探测器

复合式火灾探测器是对两种或两种以上火灾参数响应的探测器,有感烟感温式、感烟感光式、感温感光式等几种类型,如图4-9所示。

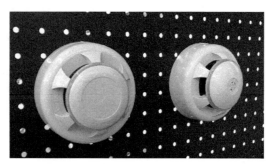

图4-9　复合式感烟感温火灾探测器

4.3　道路隧道火灾的自动报警

4.3.1　道路隧道火灾自动报警系统

道路隧道火灾自动报警系统(Fire Alarm System,简称FAS)的功能是在早期发现火灾,及时采取有效措施,联动消防灭火设备,控制和扑灭火灾。不同类型的火灾探测器用于道路隧道环境时,由于探测原理的不同各有优缺点(Liu等,2011a,2011b)。考虑到隧道环境的特殊性,目前在城市道路隧道中应用范围较广的火灾探测器主要有点式双波长火焰探测器、分布式光纤感温探测器及光纤光栅感温探测器。表4-1给出了上海市越江隧道内火灾探测设备的设置情况。

表4-1　　上海市越江隧道内火灾探测设备布置情况(上海市路政局和同济大学,2013)

序号	隧道名称	通车时间	车道数	火灾探测设备
1	大连路隧道	2003 年	双向四车道(2+2)	分布式光纤感温探测系统
2	外环隧道	2003 年	双向八车道(3+2+3)	双波长火焰探测器
3	复兴东路隧道	2004 年	双向四车道(2+2)	分布式光纤感温探测系统
4	翔殷路隧道	2005 年	双向四车道(2+2)	双波长火焰探测器
5	上中路隧道	2008 年	双向四车道(2+2)	光纤光栅感温探测系统
6	军工路隧道	2009 年	双向四车道(2+2)	双波长火焰探测器
7	人民路隧道	2009 年	双向四车道(2+2)	分布式光纤感温探测系统

续表

序号	隧道名称	通车时间	车道数	火灾探测设备
8	上海长江隧道	2010 年	双向六车道(3＋3)	光纤光栅感温探测系统
9	外滩隧道	2009 年	双向四车道(2＋2)	双波长火焰探测器
10	长江西路隧道	在建	双向四车道(2＋2)	光纤光栅感温探测系统
11	新建路隧道	2009 年	双向四车道(2＋2)	分布式光纤感温探测系统
12	龙耀路隧道	2010 年	双向四车道(2＋2)	分布式光纤感温探测系统
13	西藏南路隧道	2010 年	双向四车道(2＋2)	分布式光纤感温探测系统
14	打浦路复线隧道	2010 年	单向两车道(2)	分布式光纤感温探测系统

为避免对某种类型火灾的漏报,尽量排除隧道内干扰因素而准确及时报警,可采用探测两种及以上火灾参数的探测器。最新颁布实施的《火灾自动报警系统设计规范》(GB 50116—2013)考虑到城市道路隧道、特长双向公路隧道和道路中的水底隧道等车流量大、疏散与救援较困难,对火灾的及时、准确报警要求高,规定:城市道路隧道、特长双向公路隧道和道路中的水底隧道,应同时采用线型光纤感温火灾探测器和点型红外火焰探测器(或图像型火灾探测器);其他公路隧道应采用线型光纤感温火灾探测器或点型红外火焰探测器。

1. 双波长火焰探测器

双波长火焰探测器灵敏度高,报警准确、迅速,且不受隧道内通风风速的影响。双波长火焰探测器一般按照 50 m 的探测分区设置,设置在行车道侧面墙上,距行车道地面高度 2.7～3.5 m,并保证无探测盲区;当在行车道两侧设置时,探测器需交错设置。但是,双波长火焰探测器可探测的火灾类型较少,对阴燃、烟雾过大的燃烧不敏感,且易因火源点受到遮挡而无法报警。在道路隧道环境下,双波长火焰探测器容易受到施工光源(钠灯、汞灯和电焊弧等)的干扰而产生误报,且探头需定期清洗、维护要求较高。《火灾自动报警系统设计规范》(GB 50116—2013)规定:考虑到探测器受污染后响应灵敏度的降低,在设计时,探测器的保护距离不宜大于探测器标称距离的 80％,并应在设计文件中标注维护要求。此外,双波长火焰探测器无法实时显示隧道内的温度变化(正常运营工况及火灾工况)。

2. 分布式光纤感温探测器

分布式光纤感温探测器探测不需要现场供电,测温精度高,可以进行空间连续的实时温度测量,探测分区设置灵活,安装维护简便。但其对主机光源要求高,定位复杂。在道路隧道环境下,分布式光纤感温探测器易由于隧道内通风风速等的影响发生报警信号滞后、报警位置不准确等情况。

3. 光纤光栅感温探测器

光纤光栅感温探测器包括全同光栅和独立光栅两类。光纤光栅感温探测器对主机光源要求不高,光缆传输损耗小,一条感温光缆的有效探测范围可达 5～10 km。测温精度高,可以进行连续的实时温度测量(正常运营工况及火灾工况),能按照定温、差温和温升速率设置报警方式,定位准确。在道路隧道环境下,分布式光纤感温探测器易由于隧道内通风风速等的影响发生报警信号滞后、报警位置不准确等情况。根据《火灾自动报警系统设计规范》(GB 50116—2013)规定,线型光纤感温火灾探测器设置在隧道拱顶(据拱顶距离 100～200 mm),光栅间距不超过 10 m,且每条分布式线型光纤感温火灾探测器链路保护的车道数不超过 2 条。

隧道机电设备用房的消防一般选用智能点式感烟、感温探测器或极早期空气采样报警系统。

图 4-10 隧道监控中心

隧道火灾报警主机设置在隧道中央控制室(图4-10),是整个系统的指挥中枢,负责接收隧道全线的火灾报警信号、显示报警消防设备的运行状态;火灾时,实现对应急通信设备、交通监控设备、水消防设备、防排烟设备以及疏散照明设备等的联动。

在火灾联动触发方面,一般情况下,道路隧道中设置的双波长火焰探测器、光纤光栅火灾探测器、分布式光纤传感器等火灾自动探测器的报警信号是触发FAS系统进行火灾判断及消防系统联动的唯一条件,手报按钮只能触发环境与设备监控系统(Building Automation System,简称BAS)风机、信号灯组等的联动。一些道路隧道,也可以在无火灾探测器报警信号的情况下,通过一定的方式手动远程启动现场的水喷淋等消防系统,例如:上海市西藏南路隧道可以手动操作火灾报警主机的手动按钮远程启动现场喷淋系统;上海市仙霞西路地道可以通过在火灾报警主机上输入地址编码(电磁阀)脱离FAS系统远程启动水喷淋系统;上海市迎宾三路地道可以通过切换至手动模式,脱离FAS系统远程启动喷淋系统。

4.3.2 典型城市道路隧道火灾报警系统设计

1. 工程概况

上海某越江隧道工程,盾构段全长 3 390 m,外径 14.5 m,内径 13.3 m,采用泥水平衡盾构施工,属双孔特长道路隧道。

2. 设计规范及标准

该隧道工程监控报警系统主要依据以下规范和标准设计:《公路隧道设计规范》(JTG D70—2004)、《高速公路隧道监控系统模式》(GB/T 18567—2001)、《公路通信技术要求及设备配备》(GB/T 7262.2—1991)、《环行线圈车辆检测器》(JT/T 455—2001)、《LED型交通诱导工程设计》(GA/T 484—2004)、《通信管道与管道工程设计》(YD 5007—2003)、《安全防范工程技术规范》(GB 50348—2004)、《电子设备雷击保护导则》(GB 7450—87)、《信息技术设备包括电气设备的安全》(GB 4943—95)、《上海市公共安全防范工程管理暂行规定》、《火灾自动报警系统设计规范》(GB 50116—1998)、《火灾自动报警系统施工及验收规范》(GB 50166—

92)、《控制室设计规定》(HG/T 20508—2000)、《城市公共交通车辆自动监控系统》(CJ/T 3010—93)、《城市公共交通信号系统》(CJ/T 3027—93)、《计算机软件测试文件编制规范》(GB 9386—1988)、中国公路协会《交通工程手册》、《出入口控制系统工程设计规范》(GB 50396—2007)、《低压配电设计规范》(GB 50054—95)、《地区电网调度自动化设计技术规程》(DL/T 5002—2005)、《电力装置的电测量仪表装置设计规范》(GBJ 63—90)、《电子设备用图形符号》(GB/T 5465—1996)、《电子信息系统机房设计规范》(GB 50174—2008)、《高层民用建筑设计防火规范(2005 版)》(GB 50045—95)、《公路隧道环境检测设备技术条件》(JT/T 611—2004)、《公路隧道火灾报警系统技术条件》(JT/T 610—2004)、《公路隧道交通工程设计规范》(JTG/TD 71—2004)、《建筑设计防火规范》(GB 50016—2006)、《建筑物电子信息系统防雷技术规范》(GB 50343—2004)、《建筑物防雷设计规范(2000 年版)》(GB 50057—94)、《建筑与建筑群综合布线工程系统设计规范》(GB/T 50311—2000)、《民用闭路监视电视系统工程技术规范》(GB 50198—94)、《民用建筑电气设计规范》(JGJ 16—2008)、《民用建筑电线电缆防火设计规程》(DGJ 08‐93‐2002)、《视频安防监控系统工程设计规范》(GB 50395—2007)、《消防联动控制设备通用技术条件》(GB 16806—97)、《消防联动控制系统》(GB 16806—2006)、《信息技术设备的安全》(GB 4943—2001)、《信息技术设备的无线电干扰极限值和测量方法》(GB 9254—98)及《智能建筑设计标准》(GB/T 50314—2000)。

3. 系统组成

为实现隧道一体化集中管理,监控系统建立了统一的中央控制室,并组成计算机网络,对如下七个部分进行集成、协调管理:

(1) 中央计算机分系统;

(2) 交通监控分系统;

(3) 设备监控分系统(含电力 SCADA、照明);

(4) 闭路电视监控分系统(CCTV);

(5) 通信分系统(包括有线、无线、广播子系统);

(6) 火灾报警分系统(FAS);

(7) 系统支持分系统。

以上七个系统既相互独立,完成各系统的基本功能,又相互联系,各系统可以通过网络相互协调工作,形成一个总的监控系统。本书主要对其中的火灾报警分系统(FAS)进行介绍。

该隧道工程的火灾报警系统,结合了沿线地形、路况和管理模式的特殊性,采用双波长火焰探测器与手动报警按钮相结合的综合报警系统,实现系统可靠、先进、高灵敏度和极低的误报率,立足于防患未然及早期自救。同时根据火灾报警系统中的电缆通道的特点,按照火灾报警分区的具体要求,采用线性感温电缆对各电缆通道进行有效的在线火情监控。

隧道中央控制室内设置一台联动型火灾报警控制器,并每隔 50 m 设置一台报警综合盘,综合盘由隧道专用双波长火焰探测器、手动报警按钮、指示灯、电话插孔等组成。

该火灾报警系统分为中心报警处理系统和终端设备两级。监控中心的报警处理部分主要由传输设备和火灾报警计算机、火灾报警控制器组成,终端设备为综合盘或手动按钮。其中综合盘以总线方式连接至转接箱,再通过转接箱传达至各自隧道内的联动型火灾报警控制器,最后再通过网关转换协议后以网络方式连接至中心报警处理系统;所有手动报警按钮通过总线连接至火灾报警控制器,再通过网关转换协议后以网络方式连接至中心报警处理系统。对于电缆通道,感温电缆沿电缆上部 S 形敷设,每段长度 200 m。对于安全通道,感温电缆沿通道顶部吊装敷设,每段长度 100 m。

4. 功能描述

1) 火灾监控计算机

火灾监控计算机安装在监控中心。该计算机与火灾报警控制器通过网关作协议转换后以 RS-232 接口远程连接,主要功能是实时对各隧道火灾报警控制器上报的数据进行采集和处理,同时发出指令信息送到各对应的火灾报警控制器来监控火灾报警系统的运行状况。当发生火警或故障时,立即进行声音报警和界面窗口显示并自动记录和备案,提供火灾情况下的应急控制方案供值班人员参考,经值班人员确认后下发现场,实施控制。

该计算机可提供如下管理菜单:

(1) 实时管理菜单。对火灾报警系统中的各级控制器进行校时、灯检、复位等操作,对探测器进行屏蔽和屏蔽解除操作,对检测器状况进行定量分析。

(2) 联动控制菜单。通过对前端相关设备的控制,实现系统联动。

(3) 实时显示菜单。以表格、图或结构平面图形式实时显示系统状态,发生故障或报警时自动给出提示信息,并显示相应的平面图。

(4) 系统维护菜单,对设备数量、分布位置等有关信息进行登记,并提供查询和打印功能。

2) 火灾报警控制器

火灾报警控制器主机是一台多功能计算机分层网络管理系统,主机与整个系统采用二线制总线连接,实时自动记录系统的全部数据。具体功能如下:

(1) 主机在接到火灾报警或故障信号时,在面板上有声光显示、报警地址或故障地址数码显示、联动设备动作及状态数码地址显示。配有液晶大屏幕中文显示报警区域名称、地点及状态。中文打印机实时打印报警时间、地点,发出控制设备的详细信息,供火灾事故分析和作为调查依据。

(2) 主机面板数字键盘可以进行人机对话,查阅历史资料档案,还可以对联动设备进行手动远程启动控制。同时,备有 8 组手动直接控制消防设备的按钮,当系统瘫痪或发生故障时仍能启动设备。

(3) 实现对系统中探测回路和监视模块输出值的连续监视,提高可靠性和降低误报率。

(4) 采用 IC 卡存储管理数据库,高可靠性和安全性。

(5) 具备各种自动检验功能和每隔 168 h(一周)定期自动实验功能。

(6) 各类报警、故障、设备动作信息中文语音提示。

(7) 向监控系统传递指定火灾的信息,以便于即时观察和记录火情状况。

3) 综合盘

（1）双波长火焰探测器。捕捉火焰辐射光的闪动频率的两种波长进行比较,从而判断火灾是否发生。安装间距 50 m,安装高度 2 m。

（2）手动报警按钮。手动报警按钮是一种人工启动的火灾报警装置,当目击者观察到有火灾发生时,只要用力压下手动报警按钮上的面板玻璃,即可将火警信号送至报警控制器。它具有防水、防腐蚀、防爆能力,可反复使用。通过编址中继器接二总线确定地址编码,另外提供电话接口。

（3）地址编码中继器。编码器是为手动报警按钮和感温电缆配置的,用以确定编码地址。

（4）信号转接器。该编码器是专为双波长火焰探测器配置的,用以确定编码地址,并能检测双波长火焰检测器的状态信号。接线:两线接二总线,两线接探测器或手动报警按钮。

（5）感温电缆。各种通道内引起火灾的主要因素是供电系统的电力电缆,由于供电系统目前大多采用阻燃、低烟、无卤电缆,引起明火灾的可能性不大,但电缆的过流过压发热现象是存在的,选择线型感温探测器较为合适。

（6）运行环境。温度在正常环境下,15～28℃;在空调的情况下,18～24℃。为了防止形成凝聚,每小时变化范围不超过 5℃。湿度在正常环境下为 45%～80%,每小时变化范围不超过 10%。电源为 48 V 直流电,允许变化量为正负 20%。外部电源要求为 AC 380 V 或 AC 220 V 和蓄电池,所有的电子系统都应采用综合电路,必须要具有防止静电、电流下降和电涌的措施。

火灾自动报警系统采用的主要设备及技术指标如表 4-2 所示。

表 4-2　　　　　　　　　火灾报警系统采用的主要设备

序号	设备名称	主要技术性能及规格	单位	数量	备注
1	主机	联网型	套	4	
2	工作站		套	1	
3	双波长火灾探测器		只	208	
4	感温电缆	检测距离 200 m	段	45	电缆通道 S 形敷设
5	感烟/温探测器	智能型,带底座,配地址模块	套	60	
6	手动报警按钮	普通型	套	208	
7	手动报警按钮	地址型	套	8	
8	模块箱		只	104	
9	地址模块	4 地址	只	104	
10	控制模块	4 控 4 返	只	104	
11	警铃	带中继器	只	6	
12	电源线缆	NH-BV-500V 2.5	km	25	
13	控制线缆	NH-RVVP 2×4	km	10	
14	控制线缆	NH-RVVP 2×1.5	km	5	
15	镀锌钢管	DN25	km	25	

4.4 地铁火灾的自动报警

4.4.1 地铁火灾自动报警系统

地铁火灾自动报警系统(FAS)均按照国家标准《地铁设计规范》(GB 50157—2013)和《火灾自动报警系统设计规范》(GB 50116—2013)等标准与规范,并根据地铁运行管理的实际情况进行设计。一般采取两级管理三级控制的设计模式,即采用中心级和车站级(车站、车辆段、停车场)两级管理方式,全线 FAS 为独立的监控管理系统,不与其他系统综合。运营协调中心(Operation Cooperation Center,OCC)、备用中心、维修中心为中心级,车站、车辆段、停车场以及培训中心等处的防灾控制室为车站级。中心级是全线火灾自动报警系统的调度中心,对全线报警系统信息及消防设施有监视、控制及管理权;车站级管辖范围为车站及相邻半个区间、车辆段、停车场等区域,车站级可实现对本站或管辖范围内的 FAS 系统设备的自动监视和控制,同时对防排烟、消防灭火、疏散救灾等设备实现自动化管理。全线 FAS 系统防灾设备(通风、给排水、照明、自动扶梯、防火卷帘、气体灭火等设备)的控制,均可实现防灾指挥中心中央控制级、车站防灾控制室车站级、设备现场就地控制级三级控制方式。

最新国家标准《地铁设计规范》(GB 50157—2013)定义火灾自动报警系统是包含地铁火灾报警、消防控制等监视地铁火灾灾情及联动控制消防设备,为地铁防火、救灾工作进行自动化管理的系统。第 19.2.1 条规定火灾自动报警系统应具备火灾的自动报警(图 4-11)、手动报警(图 4-12)、通信和网络信息报警功能,并应实现火灾救灾设备的控制及与相关系统的联动控制。第 19.2.2 条规定火灾自动报警系统应由设置在控制中心的中央级监控管理系统、车站和车辆基地的车站级监控管理系统、现场级监控设备及相关通信网络等组成。

图 4-11　地铁车站火灾探测器

图 4-12　地铁手动报警器

火灾自动报警系统的中央级监控管理系统一般由操作员工作站、打印机、通信网络、不间断电源和显示屏等设备组成。火灾自动报警系统的车站级一般由火灾报警控制器、消防控制室图形显示装置、打印机、不间断电源和消防联动控制器手动控制盘等组成。火灾自动报警系统的现场控制级一般由输入输出模块、火灾探测器、手动报警按钮、消防电话及现场网络等组成。地铁全线火灾自动报警与联动控制的信息传输网络宜利用地铁公共通信网络,火灾自动报警系统现场级网络应独立配置。

由于地铁系统人员密集,火灾时的消防灭火与疏散救援难度较大,合理的火灾自动报警系统以及相应的消防灭火系统(图4-13—图4-17)是保障地铁系统安全运营的关键。

图4-13 地铁车站消火栓及消防软管卷盘　　　　图4-14 地铁车站消火栓箱

图4-15 地铁车站消火栓及　　图4-16 地铁车站消火栓箱　　图4-17 地铁车站消防疏
　　　　自救盘　　　　　　　　　　内部　　　　　　　　　　　散门

4.4.2 典型地铁工程火灾报警系统设计

1. 工程概况

上海轨道交通 X 号线工程的防灾报警系统按控制中心级和车站级二级监控管理模式进行设计:第一级为控制中心级,对该轨道交通线全线防灾报警系统进行集中监控管理;第二级为车站级,对车站级(车辆基地)管辖范围内防灾报警系统消防设备进行监控管理。主变电站设置区域火灾报警控制器,纳入相邻车站级管理。本系统分别在控制中心级、车站级与综合监控系统(ISCS)互联。

2. 设计规范、标准

本系统采用的设计规范、标准主要包括:《城市轨道交通技术规范》(GB 50490—2009)、《地铁设计规范》(GB 50157—2003)、《城市轨道交通设计规范》(DGJ 08‐109‐2004)、《上海城市轨道交通工程技术标准(实行)》STB/ZH‐000001‐2012、《火灾自动报警系统设计规范》(GB 50116—98)、《火灾自动报警系统施工及验收规范》(GB 50166—2007)、《建筑设计防火规范》(GB 50016—2006)、《人民防空工程设计防火规范》(GB 50098—2009)、《高层民用建筑设计防火规范》(GB 50045—95)(2005 年版)、《智能建筑设计标准》(GB/T 50314—2006)、《城市消防远程监控系统技术规范》(GB 50440—2007)、《电子信息系统机房设计规范》(GB 50174—2008)、《民用建筑电气设计规范》(JGJ 16—2008)、《消防联动控制系统》(GB 16806—2006)以及国家和上海市其他相关设计规范、规程和标准。如出现两个标准不相符合时,按较高标准执行。

3. 设计原则

火灾报警系统按照二级管理、三级控制进行设计。整个系统由设置在控制中心的中央监控管理级、车站(各车站、中间风井、主变电所、车辆段/停车场、控制中心大楼)监控管理级、现场控制级以及相关网络和通信接口等环节组成。火灾报警系统以安全、可靠、实用为前提,体现"以人为本"的设计指导思想。火灾报警系统贯彻"预防为主、防消结合"的方针,遵循国家的有关法规和规范,符合上海市消防局的有关规定。FAS 系统按照全线同一时间内发生一次火灾设计。

地下车站及地下区间、控制中心大楼、主变电所、车辆段/停车场的大型停车库和检修库、重要材料库及其他重要用房按火灾报警一级保护对象设计;地面及高架车站、车辆段/停车场的一般生产和办公用房按火灾报警二级保护对象设计。

该线火灾报警系统采用控制中心级和车站级二级管理模式。控制中心级实现对全线火灾自动报警系统集中监控和管理,车站级在各车站、车辆段/停车场、主变电所设火灾报警控制器,它能对其所管理范围内独立执行消防监控管理;全线的火灾指挥中心设在控制指挥中心内,车站、车辆段/停车场等各级防灾指挥中心分别设在车站控制室、车辆段/停车场综合楼控制室;对防排烟与送排风系统共用的风机及风阀等设备采用正常工况与事故工况两种运行模式,正常工况由设备监控系统实施监控管理,事故工况模式由火灾报警系统发出控制指令给 BAS;BAS 接收到此指令后,根据指令内容,启动相关的火灾模式,实现对相关设备的火灾模式控制,同时反馈指令执行信号,显示在救灾指挥画面上,帮助救灾指挥的开展;消防水泵、专用排烟风机的控制设备除了采用总线编码模块控制外,还应在消防控制室设置紧急手动直接控制装置。紧急手动直接控制装置由设备监控系统综合后备盘 IBP(Integrated Backup Panel)统一设置;消防广播与车站广播系统合用,设有火灾紧急广播功能,火灾时可强行转入紧急广播状态;车辆段/停车场等通信系统未设置公共广播场所,由该系统设置消防广播或警铃;接收主时钟同步信息,实现全线时间同步;系统应考虑工程可能进行的扩展和延伸,既要满足远期系统的可接入性和可扩展性,又要尽量减少初期投资。

在满足运行管理要求的前提下,FAS设备与其他弱电设备尽量集中布置。系统发生故障时,具有降级使用功能和对重要设施的备用手段。系统结构需通用性强、可靠性高、组网灵活、易于扩充,并具有开放式结构。系统考虑与其他轨道交通线路所采用制式及设备的兼容性。在换乘站的各个不同线路的FAS系统之间应预留有接口,使某一线路站台发生火灾时能及时通知对方线路,以便人员的疏散,降低灾害损失。各个车站的FAS消防主机直接构成环网,全线形成专用的独立系统。火灾报警设备应选用安全可靠、技术先进、价格合理及性价比高的,并通过我国权威消防部门审查合格的成熟产品,在满足使用功能前提下,优先采用成熟、可靠的国产成套设备。选用设备应性能可靠、运行灵活、维修简单,能防锈、防震(部分探头防爆),应尽量具有体积小、重量轻、能耗少的特点,并满足连续不间断运行的需求。FAS的信息传输线路、供电线路、控制线路根据不同的使用场所选用低烟、无卤、阻燃或耐火线缆。

设计标准及主要参数包括:

控制中心中央级控制响应时间:小于2 s;控制中心中央级信息响应时间:小于2 s;站点控制响应时间:小于1 s;站点信息响应时间:小于1 s;火灾报警回路响应时间:小于0.85 s;火灾报警系统主要设备平均无故障时间(MTBF):不小于100 000 h;火灾报警系统监控系统单台设备装置故障恢复时间(MTTR):<30 min;回路导线截面在1.5 mm²的条件下,每个总线回路长度不小于1 500 m;接地电阻:≤1Ω;系统整体使用年限:15年。

4. 网络构成

如图4-18所示,FAS全线网络采用对等式环形网络结构,控制中心级、各车站、车辆段/停车场、主变电所、中间风井、控制中心大楼等的火灾报警控制器均作为FAS全线网络上的节点,每一个火灾报警控制器在网络通信中具有同等的地位,每个节点都能独立完成所管辖区域内设备的监视与控制,各节点之间是互相平等的,如果节点之间出现短路、开路或者故障,节点会自动隔绝,网络通信不会中断。设计采用专用光纤作为系统通信的通道。控制中心的报警主机通过通信系统提供的光缆中的6根光纤(4用2备)将每个节点环型连接,实现网络通信。

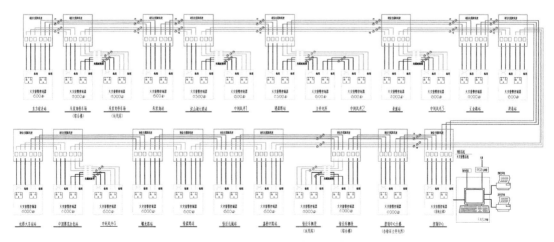

图4-18　全线火灾报警系统图

主变电所(中间风井)距离相邻的车站有一定的距离,相对的监控点数较少。主变电所接入系统的方案有2种:一种是复视屏方案,将主变电所(中间风井)作为相邻车站的一个回路,通过电缆或光缆,接入相邻车站的火灾报警控制器,同时在主变电所(中间风井)的主控制室内设置远程复视屏,显示主变电所(中间风井)内的报警和联动信息。另一种是报警器方案,在主变电所(中间风井)的主控制室内设置火灾报警控制器,将主变电所(中间风井)作为一个网络接点,接入FAS系统的通信网络。

5. 控制中心级构成

控制中心与各车站级(含车站、主变电所、中间风井、车辆段/停车场、控制中心大楼)FAS进行通信联络,能监视全线消防设备的运行状态,接收并显示各车站级送来的报警信号,自动记录、打印,并能进行历史档案管理;向各车站防灾控制室发出防灾救灾指令,组织、协调、指挥、管理全线救灾工作并及时向有关上级消防部门报告灾情,定期输出各类数据及报表;接收主时钟的信息,使火灾自动报警系统全线与主时钟同步。

控制中心调度大厅设置中央级火灾报警控制器,作为全线火灾报警系统的控制主机。中央级火灾报警系统设独立的图形显示终端,并通过FAS工作站实现与调度大厅综合显示屏(大屏)的接口,将火灾报警信息发送到综合显示屏。

6. 车站级系统构成

车站控制级对本车站级(含主变电所、中间风井、车辆段/停车场、控制中心大楼)及所管辖区间内各种防灾设备进行监视和控制,接收本车站及其所辖区间的火灾报警信号,显示火灾报警、故障报警部位。向控制中心报告灾情,接收控制中心发出的指令,启动相关消防设备投入火灾模式运行,利用通信工具组织和引导人员疏散。

车站的监控管理设置在各车站的车站控制室内,车辆段/停车场的监控管理设置在综合楼值班室,主变电所的监控管理设置在主变电所的主控制室,中间风井的监控管理设施设在值班室或控制室,控制中心大楼的监控管理设置在控制中心大楼的消防值班室内。

车站监控管理级独立执行其所管辖范围内FAS系统的监控管理功能。车站监控管理级由火灾报警控制器、火灾触发器件(包括火灾探测器和手动报警按钮、极早期烟雾探测报警等)、火灾报警装置、消防联动控制器、终端显示设备、消防电话主机、打印机等设备组成。

火灾报警控制器通过双向通信接口与设备监控系统相连接,完成对兼用环控设备的联动控制。同时火灾报警控制器通过通信系统提供的光纤媒质,将信息送至控制中心。

在车站控制室内控制台上配置的综合后备盘(IBP盘)上设置用于操作重要消防设备的直接启动按钮。重要消防设备包括:消火栓泵、喷淋泵、高压细水雾泵、排烟专用风机等。综合后备盘的直接启动按钮能在火灾情况下不经过任何中间设备,直接启动这些重要消防设备,从级别上讲,这是最高级的联动设备。同时在综合后备盘上还可显示这些重要消防设备的工作和故障状态,以及启动按钮的位置及状态。

以各车站(车辆段/停车场、主变电所、控制中心大楼)为单位,设置独立的消防专用电话网络。在车站控制室(车辆段/停车场为信号楼值班室,主变电所为主控制室、控制中心大楼为消防值班室)设置消防专用直通电话总机。在变电所控制室、消防泵房、环控电控室、气体灭火操作盘处、电梯机房等重要场所设置固定式消防分机电话,在车站的站台层、站厅层、地下区间的适当部位(如手动报警按钮、消火栓按钮旁)设置消防电话插孔,以实现车站控制室与这些场所的消防语音通信。

中间风井设固定消防电话,消防电话通过电话线接入邻近车站。

7. 车辆段/停车场系统构成

车辆段、停车场的综合楼消防控制室设置火灾报警控制器,作为车站级的火灾报警系统控制器,并与全线火灾报警系统直接联网。停车列检库、检修联合库等设置区域火灾报警控制器,其消防管理功能托管在综合楼控制室。混合变电所、综合楼、检修库及材料总库、运行库、联合车库等设备用房及管理用房设置各类探测器。

停车场的综合楼消防控制室应设置消防电话主机,并在综合楼、检修库、混合变电所等场所设置消防电话分机及电话插孔。

综合楼的火灾报警控制器通过通信光纤与各车站及控制中心火灾报警控制器组成的全线火灾报警系统联网。

在车辆段的运用库和检修库、停车场的运用库设置消防广播,广播控制台设在消防值班室。消防应急广播须符合火灾报警系统规范。

车辆段/停车场其他区域由 FAS 设置警铃。

综合楼的火灾报警控制器、图形监控终端与停车列检库、检修联合库的区域火灾报警控制器及管辖范围内的各类探测器、手动报警按钮、输入和输出模块等现场设备构成停车场火灾报警系统。

车辆段/停车场的火灾报警系统可通过系统设置的针式打印机,实现报表打印功能。

8. 主变电所系统构成

主变电所设置车站级的火灾报警控制器,通过光缆在邻近车站与全线火灾报警系统直接联网。主变电所的火灾报警范围包括连接临近车站的电缆通道。主变电所设固定消防电话,消防电话通过电话线接入邻近车站。主变电所火灾报警控制器、图形监控终端与管辖范围内的各类探测器、手动报警按钮、输入输出模块等现场设备构成主变电所火灾报警系统。

9. 中间风井

区间风井设置车站级的火灾报警控制器,通过光缆在邻近车站与全线火灾报警系统直接联网,其消防监控管理功能分别托管在附近车站。邻近车站的图形监控终端应能显示区间变电所与区间风井火灾报警系统信息。区间风井火灾报警控制器与管辖范围内的各类探测器、手动报警按钮、输入输出模块等现场设备构成区间变电所与区间风井火灾报警系统。区间风井设置电源设备,包括双电源自切箱、UPS 以及配电箱,与车站设备监控系统 EMCS (Electrical and Medhanical Control System)及门禁系统 ACS(Access Control System)合用 (分别向 EMCS 和 ACS 各提供一个配电回路)。

10. 控制中心大楼

控制中心调度大厅设中央级火灾报警控制器(主机),配套的彩色图形监控终端布置在环控及防灾调度台上。调度台由控制中心专业统一制作和布置,调度台上由通信系统专业设置广播控制盒、闭路电视显示终端、业务电话、市内直线电话、消防无线电话、环控调度总机等;由设备监控专业设置设备监控操作终端。

中央级火灾报警系统通过通信接口与中央级机电设备监控系统连接,实现信息的传递。各站点发生火灾时,在图形监控终端界面上应显示 FAS、EMCS 系统所有监控设备(即完整火灾联动工况对象)的应动作情况与实际动作情况的对照表。FAS 配置独立的激光打印机,打印实时信息和各类报表。FAS 的中央级设备由集中 UPS 供电,终端配电箱由本专业设置。该终端配电箱同时向 EMCS 和 ACS 提供工作电源。

11. 换乘车站

按照对共享车站按"一个站长,一套班子,资源共享、区域控制"的运营管理要求,在建设时按照"先建带后建"的设计原则,共享车站原则上只设一套火灾报警系统,由先建线路工程实施,其控制范围包括两线车站的全部区域。按一次设计、分步实施的原则,后建线路的设备在后期工程实施时采购并接入本期实施的系统,如图 4-19 所示。

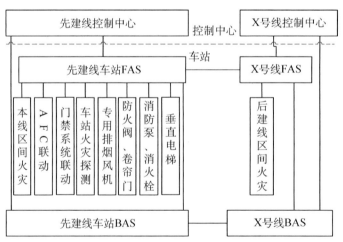

图 4-19 换乘车站火灾报警系统图

12. 系统主要功能

1) 控制中心级主要功能

对全线火灾报警设备及专用消防设备进行监控。监视、显示并记录全线所有消防设备的运行状态;当被控设备发生故障或状态变化时应发出音响提示并打印、记录所发生的时间、地点等。

接收全线车站级(各车站、中间风井、主变电所、车辆段/停车场、控制中心大楼)FAS 系统送来的火灾报警、故障报警和防灾设备的工作状态信息。当发生火灾报警时,及时以地图式画面在彩色图形监控终端上显示报警点,打印报警时间、地点并启动火灾报警的声光报警信号,显示调度员的火灾确认时间。

组织指挥全线消防救灾工作,选择预定的解决方案向车站级发出消防救灾指令和安全疏散命令,指挥救灾工作的开展。地下区间隧道发生火灾时,协调相邻两座车站的控制工况,向车站发布控制指令。接收主时钟的信息,使火灾报警系统与时间系统同步。建立数据库并进行档案管理、定期输出各类数据、报告。系统、设备和网络的自检和操作记录,包括设备的离线及故障报警、设备故障记录、网络故障报警、操作人员的各项操作记录等。历史记录和档案管理功能,应将历史记录等报告内容进行整理归纳并存储到磁盘,并随机形成报表打印输出。

全线火灾报警系统实行操作权限管理。设有多级密码,不同级别的操作员应具有不同的访问权限和操作权限。控制中心级具有最高的可操作权限,可对各站点的控制器进行在线编辑和程序下载功能,修改现场参数。参数设置修改完毕后,通过网络下载到各车站的报警控制器中。

控制中心级可通过操作电视监控系统(CCTV)的键盘和显示终端以确认监视现场的灾情。根据火灾的实际情况,向有关区域发出消防救灾指令和安全疏散指令,并通过全线防灾调度电话、外线电话、闭路电视、列车无线电话等通信工具来组织指挥全线防救救灾工作的开展。火灾工况具有优先权。

控制中心级负责与市防洪指挥部门、地震检测中心、消防局 119 火灾通信,接收自然灾害预报信息,负责地铁工程防救灾工作对外界的联络。

2）车站级主要功能

车站级包括车站、中间风井、车辆段/停车场、主变电所和控制中心大楼等。接收本车站及所辖区间内的火灾报警信号,显示火灾报警或故障报警部位。监视本车站及所辖区间内的各种火灾报警设备及专用消防设备的运行状态。确认灾情并向控制中心及有关部门通报联络,传递火灾发生信息。接收消防控制中心发出消防救灾指令和疏散命令,组织和诱导乘客进行安全疏散。具有消防联动功能。在确认火灾后,指令车站级的设备监控系统按照预定火灾模式运行;通过 FAS 系统与其他系统的接口,联动相关的设备按照火灾工况运行。

4.5 道路隧道火灾的消防与灭火

4.5.1 概述

随着消防技术的进步,城市道路隧道消防与灭火设备的配置从早期的消火栓、灭火器发展到了如今普遍应用的消火栓、自救式灭火喉、灭火器、泡沫-水喷雾联用系统,隧道消防灭火的能力得到了长足的进步和提高。例如,20 世纪 70 年代建成的上海市打浦路越江隧道内,设置了消火栓系统和灭火器这类最为基本的消防设施。80 年代设计建造的上海市延安东路北线隧道,除了基本的消火栓系统和灭火器,增加了手动泡沫消火栓系统。该手动泡沫消火栓系统用水量小、操作简便,能与消火栓系统结合工作,对扑灭油类火灾有较好的效果。表 4-3 给出了上海市越江隧道内消防灭火设备的设置情况。

表4-3　　　上海市越江隧道消防系统设置情况(上海市路政局和同济大学,2013)

序号	隧道名称	通车时间	车道数	消防设施	自动水消防系统布置位置及长度
1	打浦路隧道	1971年建成,2009改建	单向两车道(2)	消火栓、灭火器、水喷雾	隧道封闭段,2382 m
2	延安东路北线隧道	1989年	单向两车道(2)	消火栓、灭火器、泡沫消火栓	—
3	延安东路南线隧道	1996年	单向两车道(2)	消火栓、灭火器、水喷雾	江中段,607 m
4	大连路隧道	2003年	双向四车道(2+2)	消火栓、灭火器、水喷雾	盾构段,1 260 m
5	外环隧道	2003年	双向八车道(3+2+3)	消火栓、灭火器、水喷雾	江中段,836 m
6	复兴东路隧道	2004年	双向六车道(3+3)	消火栓、灭火器、水喷雾	盾构段,1 210 m
7	翔殷路隧道	2005年	双向四车道(2+2)	消火栓、灭火器、泡沫-水喷雾、浦东峒口水幕系统	隧道封闭段,1 850 m
8	上中路隧道	2008年	双向四车道(2+2)	消火栓、灭火器、泡沫-水喷雾	隧道封闭段,1 910 m
9	军工路隧道	2009年	双向四车道(2+2)	消火栓、灭火器、泡沫-水喷雾	隧道封闭段,2 050 m
10	人民路隧道	2009年	双向四道(2+2)	消火栓、灭火器、泡沫-水喷雾	隧道封闭段,2 075 m
11	上海长江隧道	2010年	双向六车道(3+3)	消火栓、灭火器、泡沫-水喷雾	隧道封闭段,8 125 m
12	外滩隧道	2009年	双向四车道(2+2)	消火栓、灭火器、泡沫-水喷雾	隧道封闭段,3 475 m
13	长江西路隧道	2013年	双向四车道(2+2)	消火栓、灭火器、泡沫-水喷雾	隧道封闭段,2 658 m
14	新建路隧道	2009年	双向四车道(2+2)	消火栓、灭火器、泡沫-水喷雾	隧道封闭段,1 949 m
15	龙耀路隧道	2010年	双向四车道(2+2)	消火栓、灭火器、泡沫-水喷雾	隧道封闭段,2 057 m
16	西藏南路隧道	2010年	双向四车道(2+2)	消火栓、灭火器、泡沫-水喷雾	隧道封闭段
17	打浦路隧道复线	2010年	单向两车道(2)	消火栓、灭火器、泡沫-水喷雾	隧道封闭段

注:上表中自动水消防系统指水喷雾与泡沫-水喷雾联用灭火系统。

4.5.2　道路隧道消防灭火系统

1. 消火栓系统与灭火器

消火栓系统(图4-20、图4-21)是道路隧道内成熟可靠、切实有效的消防系统,可扑灭多种类型火灾,也是目前长度大于500 m的城市道路隧道必备的消防设施,其附带的自救式灭火喉,是适合普通人群使用的快捷方便的灭火设施。此外,道路隧道内配置的灭火器使用方便、性能可靠,能及时扑灭隧道内各类火灾。

图4-20　消火栓及应急电话(奥地利某道路隧道)

图4-21　消火栓箱

2. 水喷雾灭火系统

目前,国内外道路隧道中采用的自动水消防系统主要有:①水喷淋系统(有较大争议);②水喷雾系统;③泡沫-水喷雾联用灭火系统;④高压细水雾灭火系统。水喷雾系统在日本应用较多。我国建设的道路隧道大多采用水喷雾系统或泡沫-水喷雾联用灭火系统。

90年代初建设的上海市延安东路南线隧道在江中段内设置了水喷雾系统进行试验(保护区段长度为50 m),开创了在国内隧道应用自动水消防系统的先例。该系统能在中控室内遥控启动,对5 MW以内小规模火灾有扑灭效果。但是,隧道内水喷雾系统由于受到设备安装空间小、供水量小、排水困难等因素的制约,只能按防护冷却、控火的标准设计。此后上海市建造的大连路隧道(图4-22—图4-25)、外环隧道以及复兴东路隧道都采用了类似的水喷雾消防灭火系统。

图4-22　水喷雾箱

图4-23　自动水喷雾泵组

图 4‑24　自动水喷雾系统

图 4‑25　隧道火灾自动报警‑水喷雾系统联动灭火

3. 泡沫‑水喷雾联用灭火系统

泡沫‑水喷雾联用灭火系统可对隧道火源区域先期喷泡沫混合液灭火,后期喷水雾进行冷却防护,对于隧道内易发生的油类火灾,能在极短的时间内扑灭,灭火效果大大优于水喷雾系统。泡沫‑水喷雾系统保护区间一般为 25 m,每组系统由一只雨淋阀控制,并与火灾报警系统一一对应,发生火灾时可根据火源点位置,启动任意相邻两组进行灭火。

2005 年建成通车的上海市翔殷路越江隧道在国内首次设置了泡沫‑水喷雾联用灭火系统并开展了现场试验研究。泡沫‑水喷雾联用灭火系统在翔殷路越江隧道中的成功应用带动了该系统在国内其他道路隧道中的应用,如上海市之后建设的上中路隧道、军工路隧道、西藏路隧道、新建路隧道、人民路隧道、外滩通道以及长江西路隧道等工程都配置了泡沫‑水喷雾联用灭火系统;此外,上海长江隧道、南京长江隧道、武汉长江隧道、厦门东通道等越江跨海大型隧道工程也采用了水喷雾‑泡沫联用灭火系统。

4.6　道路隧道火灾报警与消防系统运行现状及改善对策

4.6.1　道路隧道火灾自动报警系统运行现状

依据《建筑设计防火规范》(GB 50016—2014)、《公路隧道设计规范》(JTG D70—2004)、《地铁设计规范》(GB 50157—2013)、《汽车库、修车库、停车场设计防火规范》(GB 50067—1997)、《人民防空工程设计防火规范》(GB 50098—2009)、《火灾自动报警系统设计规范》(GB 50116—2013)、《线型光纤感温火灾探测器》(GB/T 21197—2007)以及《公路隧道火灾报警系统技术条件》(JT/T 610—2004)等规范规程,道路隧道、地铁等各种类型的地下空间内均设置了完善的火灾自动报警系统。

对于道路隧道而言,设置的火灾自动报警系统(探测器涵盖了双波长火焰探测器、线型分布式光纤感温探测器、光纤光栅感温探测器和感温电缆)经过多年的实际运营和突发火灾事故的检验,总体上处于可控状态,为确保道路隧道的安全运营发挥了重要的作用。然而,由于道路隧道火灾报警及消防灭火的复杂性,针对城市道路隧道开展的初步调研(上海市路政局和同济大学,2013)表明如下几个方面的问题需重点关注:

(1) 部分道路隧道火灾自动报警设备未能有效地工作,或误报率高(主要是设备故障报警导致),或不能响应火灾报警(设备故障)。在统计的隧道内已发生的多起汽车火灾事故中几乎没有正确及时报警的案例,这为可能发生的重大火灾损失埋下了隐患。

(2) 光纤类火灾探测器探测灵敏度易受环境因素影响(如风速、温度等),会发生报警信号滞后、报警位置不准确等情况。养护部门在隧道内的火灾试验也说明了这一问题:由于隧道断面大,初期火灾难以及时报警。对于小车火灾,由于隧道断面高,火灾规模又小,再加上通风的影响,导致光纤类火灾探测器报警慢和火源位置定位不准确。建议针对目前广泛采用的光纤类火灾探测器,研究不同隧道条件、交通情况及火灾特点下,合理报警模式及合理报警阈值的设置以及火源位置修正等关键问题,以较小的代价对现有隧道火灾自动报警系统进行改善。特别是,通过应用动态火灾预警及疏散救援技术(详见本书5.2节),充分挖掘现有火灾报警设备的潜力,提升隧道火灾报警及疏散救援的水平。

(3) 目前配置的隧道火灾自动报警系统,主要是基于静态火源进行设计和测试。然而,对于道路隧道,移动式火源的情况也时有发生,此时,火灾自动报警系统对移动式火源的探测技术及其可靠性、有效性需要进一步探讨。目前有学者针对隧道中火源在运动条件下的火焰视频进行相关的探测技术研究(李莹,2011)。

4.6.2 道路隧道水消防系统运行现状

根据初步的调研成果(上海市路政局和同济大学,2013),目前道路隧道中设置的水喷雾系统、泡沫-水喷雾联用灭火系统运行中存在的主要问题包括:

(1) 水喷雾系统、泡沫-水喷雾联用灭火系统误喷或故障。由于设备故障,道路隧道内水喷雾系统、泡沫-水喷雾联用灭火系统误喷或故障的事件时有发生。例如,2012 年 3 月 28 日,南京市纬七路越江隧道自动喷淋系统发生故障(喷头继电器故障),一组喷头自动喷水,造成隧道内乘行人员恐慌,影响了行车安全。此外,上海市龙耀路隧道以及外滩隧道设置的泡沫-水喷雾联用灭火系统均发生过误喷。上述误喷事故发生突然,大部分前期无征兆,发生误喷后对隧道正常通行均造成了一定的影响。特别是泡沫-水喷雾联用灭火系统误喷后,由于泡沫遇水膨胀,堆积在车道上,难以迅速清理,对隧道交通影响较大。

(2) 水喷雾系统、泡沫-水喷雾联用灭火系统腐蚀及渗漏。由于泡沫-水喷雾联用灭火系统的管路较为复杂,且泡沫对管道的腐蚀情况也较为复杂,泡沫-水喷雾联用灭火系统普遍存在渗漏(图 4-26)、修复困难(图 4-27)、泡沫压力难以维持等问题。目前隧道内应用的内衬塑钢管及不锈钢泡沫管道自身被腐蚀的程度相对轻微,然而,在管道接头及焊缝处,渗漏较为严重。例如龙耀路隧道的泡沫管道,约有 300 多处接头出现缺陷,在 2.5 年多时间内共计发生了 5 次渗漏,为此进行了大范围再次焊接,但仍有约 25%渗漏点复漏。同时,对于水喷雾系统,部分道路隧道在运行 2～3 年后出现了阀门总成失效、锈蚀等问题。

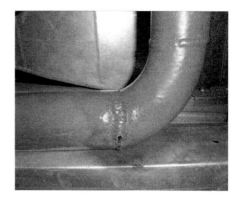

图 4–26 某道路隧道泡沫-水喷雾联用灭火系　　图 4–27 某道路隧道泡沫管道焊缝的复漏
　　　　 统的焊缝腐蚀及渗漏　　　　　　　　　　　　 现象

（3）自动水消防系统与火灾报警系统的联动难以检测。道路隧道内设置的火灾自动报警系统及水消防系统要求其在运营时长期保持正常工作状态；一旦发生火灾，即能立即响应，实施联动开展灭火工作。然而，由于设备自身的限制，一些自动水消防系统无法便利地进行其工作状态的日常检测，特别是对火灾时系统间的联动状态的检测。

4.6.3　城市道路隧道火灾报警与消防系统的改善对策

针对目前城市道路隧道火灾报警与消防系统在运行中所反映出的问题，提出如下改善对策与建议。

1. 强化道路隧道运营养护单位在设计、建造阶段的地位及作用

由于道路隧道建设与运营养护通常由不同的主体负责，往往造成道路隧道建设期与运营期管理体系的割裂。建设单位只关注建设期面临的问题，缺乏对运营期养护管理及消防安全问题的考虑。而运营管理单位由于未参与建设过程，只能在道路隧道既有的硬件设施基础上开展养护工作。

建议建立合适的管理机制，强化道路隧道运营养护部门在设计、建造阶段的地位及作用，建立道路隧道建设与运营养护部门间的沟通渠道，使得道路隧道养护管理部门在涉及与后期运营相关的报警、消防、疏散、救援等设备系统的设计、招标等阶段具有话语权，进而可将在后续运营中可能会出现的故障及问题消除在萌芽状态。

2. 建立道路隧道消防设施第三方专业检测机制

为弥补道路隧道管理方在消防相关设备专业技术上的不足，建议建立可靠的第三方专业检测机制。由符合技术要求的第三方为道路隧道消防系统提供定期/不定期的检查和状态评估。该评估结果作为大修或更换系统的技术依据。

3. 建立道路隧道消防设施信息化养护系统

道路隧道内消防设施涉及的设备种类多、数量多，且各自具有不同的运行参数与维护检修

周期,养护管理单位面临着如何准确把握这些设施的运行状态并进行适时养护的困难。通过建立道路隧道消防设施信息化养护系统,可实现对消防设备运行参数、运行状态实时准确地把握,以便及早发现问题;同时,实现消防设施维护养护的自动化,提高养护工作的效率和可靠性。

4. 开展道路隧道消防设施安全运营状态评估技术研究

为加强道路隧道安全管理,应及时开展道路隧道消防设施安全运营评估的研究工作(包括评估方法与模型、安全标准、评估软件开发、评估操作规程等)。该评估规范应包括安全评价的一般要求和程序;基础安全评价(其中包括:安全管理评价,运营组织与管理评价,设备设施评价和外界环境评价)方法;事故风险水平评价等内容。定期的第三方安全评价既能对道路养护管理工作进行监督,也能为政府管理部门提供重要参考,为决策提供依据。

5 地下空间火灾的疏散与救援

5.1 道路隧道火灾的疏散救援模式

城市道路隧道作为组成复杂、使用寿命长（100年）、具有动态交通流的复杂系统，火灾时的疏散救援是隧道运营中面临的关键难题和重大挑战。火灾时，道路隧道采用的疏散救援模式一般有横向、纵向及纵横向结合三种：

（1）横向疏散救援模式是当隧道发生火灾时司乘人员或消防人员利用两条隧道间设置的横通道（图5-1），由事故隧道向另一条隧道疏散或救援。

（a）横通道入口

（b）横通道（某越江隧道）

（c）横通道（奥地利某道路隧道）

图5-1　隧道间设置的疏散救援横通道

（2）纵向疏散救援模式是利用隧道下方的纵向通道进行疏散和救援。火灾时，人员通过隧道内设置的逃生滑梯或楼梯（垂直爬梯）进入车道板下的纵向疏散通道逃生，如图5-2所示。

（a）疏散逃生楼梯及纵向疏散通道

（b）疏散逃生滑梯

（c）疏散逃生楼梯或滑梯口

（d）疏散逃生垂直爬梯

图 5－2　隧道疏散逃生楼梯、滑梯及纵向疏散通道

（3）纵横向结合模式是前两种模式的综合。一般在两条隧道间设置大间距的横通道，同时，在隧道内设置逃生楼梯或滑梯，利用车道板下的纵向通道作为火灾工况下人员疏散及消防救援的通道。

目前，单层道路隧道一般采用横向或纵横向结合的疏散救援模式。对于双层道路隧道，通过设置上下层间的连通楼梯，火灾时上下层可互相作为人员疏散、消防救援的通道（图 5－3）。此外，考虑到横通道的施工风险（特别是对于越江盾构隧道）及后期

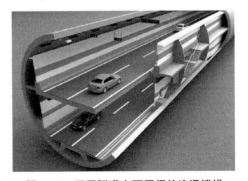

图 5－3　双层隧道上下层间的连通楼梯

差异变形，部分单层道路隧道取消了两条隧道之间的横通道，完全采用单一的纵向疏散方式（如上海虹梅南路越江隧道、长江西路越江隧道等）。

道路隧道具体疏散救援模式的选择取决于隧道特征、工程建设条件、配套设施水平等综合因素。近年来，在城市道路隧道的建设中，逐步重视纵向通道在火灾疏散救援中的重要作用。

国内外部分道路隧道工程疏散救援模式及疏散救援设施的设置情况如表5-1所示。

表 5-1　　道路隧道疏散救援模式及设施设置情况(上海市路政局和同济大学,2013)

隧道名称	隧道类型	通风排烟模式	疏散救援模式	备注
上海打浦路隧道	单管单层	重点排烟及局部纵向排烟	改建后在2、3、5号通风井内设置了出地面的疏散楼梯(最大间距约820 m)	
上海延安路隧道	双管单层	北线:横向排烟 南线:纵向排烟	无	
上海大连路隧道	双管单层	纵向排烟	2条人行横通道(间距350~500 m);向下垂直爬梯(间距约60 m)	
上海复兴路隧道	双管双层	纵向排烟	上、下层各2条人行横通道(最大间距430 m)	
上海翔殷路隧道	双管单层	纵向排烟	2条人行横通道(最大间距563 m);向下逃生滑梯(间距约80 m)	
上海人民路隧道	双管单层	纵向排烟	2条人行横通道(最大间距528 m);向下逃生滑梯(间距约80 m)	
上海外滩隧道	单管双层	纵向排烟	连接上、下层车道的疏散楼梯(间距约100 m)	无横通道
上海上中路隧道	双层双管	纵向排烟	连接上、下层车道的疏散楼梯(间距100 m)	无横通道
上海军工路隧道	双层双管	纵向排烟	连接上、下层车道的疏散楼梯(间距约100 m)	无横通道
上海长江隧道	双管单层	重点排烟及局部纵向排烟	8条人行横通道(最大间距830 m);向下逃生楼梯(间距约270 m)	
上海长江西路隧道	双管单层	重点排烟及局部纵向排烟	每3个逃生滑梯和1个疏散楼梯间隔设置(间距100 m);下部空间内设有纵向安全通道和纵向救援车辆专用通道	无横通道
上海龙耀路隧道	双管单层	纵向排烟	1条人行横通道;向下逃生滑梯(间距约75 m)	
上海新建路隧道	双管单层	纵向排烟	1条人行横通道;向下逃生滑梯(间距约100 m)	
上海西藏路隧道	双管单层	重点排烟及局部纵向排烟	2条横通道(间距约550 m)	
上海打浦路复线隧道	单管单层	纵向排烟	纵向疏散与救援,向下逃生滑梯(间距50 m)	无横通道
武汉长江隧道	双管单层	重点排烟及局部纵向排烟	3条横通道(最大间距1 440 m);向下逃生滑梯	

续表

隧道名称	隧道类型	通风排烟模式	疏散救援模式	备注
南京长江隧道	双管单层	纵向排烟	纵向疏散与救援,向下逃生滑梯(间距100 m)	无横通道
杭州庆春路隧道	双管单层	纵向排烟	纵向疏散与救援,向下逃生滑梯(80 m)	无横通道
杭州钱江隧道	双管单层	纵向排烟	每3个逃生滑梯和1个疏散楼梯间隔设置(间距80 m)	无横通道
日本东京湾隧道	双管单层	纵向排烟	每300 m设置向下逃生滑梯和消防人员出入口(两者间距约30 m)	

5.2 隧道火灾动态预警及疏散救援技术

5.2.1 概述

隧道由于空间封闭,火灾发生后升温速度快,排烟困难;同时,由于疏散逃生通道少,疏散救援工作非常困难,往往会造成惨重的人员伤亡和重大的经济损失。为了提高隧道内的火灾安全性,目前国内外在隧道内均设置了火灾自动及手动报警系统、视频监控系统、自动灭火系统、疏散指示标识系统(图5-4—图5-6)等硬件设备;同时,均针对隧道火灾制定了相应的应急管理措施及预案。然而,国内外发生的大量火灾事故案例及针对隧道消防系统的调研工作表明,目前的隧道火灾报警救援系统存在如下几方面的不足:

(1) 隧道内设置的火灾报警系统功能单一,仅仅能实现对火灾事故的报警,无法获得火灾随后的发展态势信息和实时的火情信息;同时,即使能够获得一些火情信息,也只能给出火灾探测器所在点处的温度等信息,而对于隧道内的整体温度分布情况了解不足,难以满足后续隧道火灾救援的信息需求。

(2) 发生火灾后,隧道内高温烟气弥漫,视频系统由于被烟雾遮挡而失去作用,隧道内的实际状况(如火源点位置、烟雾蔓延范围及方向等)难以实时获得并直观地显示,严重影响现场

图5-4 疏散逃生指示标识(奥地利某道路隧道)

图5-5 疏散逃生指示标识

图 5‒6　消防设施指示标识

消防和救援工作的决策效率和可靠性。

（3）在隧道火灾人员逃生救援工作中建立疏散救援预案已成为隧道建设的一个重要组成部分，但是目前的应急疏散预案多为固定性、文字性的预案。而实际上隧道内火灾的发生地点、火灾的规模等均具有随机性，预先制定的固定预案难以满足千变万化的隧道火灾现场状态。

（4）火灾报警系统的实时工作状态及有效性难以便利获得。

5.2.2　基本原理及系统框架

针对目前隧道火灾报警救援系统的现状及隧道火灾疏散救援工作的需求，本书研发了基于数字化技术的动态隧道火灾智能疏散救援系统发明专利技术（闫治国等，2013）。如图 5‒7所示，系统包括火情信息获取子系统，对火灾探测仪器采集的温度数据进行分析处理，实现对

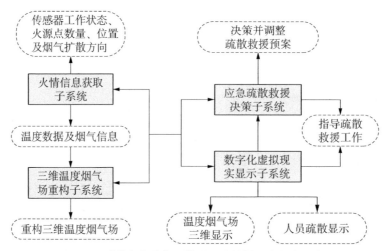

图 5‒7　隧道火灾动态预警及疏散救援系统构成示意图

其工作状态的监测以及在火灾时获取火情信息;三维温度烟气场重构子系统,根据所述温度数据和火情信息建立三维温度烟气场信息;应急疏散救援决策子系统,根据所述火情信息获取子系统和三维温度烟气场重构子系统提供的实时信息,对火灾发展态势进行分析和评估,并动态调整疏散救援预案;数字化虚拟现实显示子系统,基于数字化虚拟现实技术实现对隧道火灾温度及烟气场的动态显示(图5-8、图5-9),使得火灾现场救援指挥人员可直观地掌握火灾现场信息和了解人员疏散的情况,提高救援效率和可靠性。

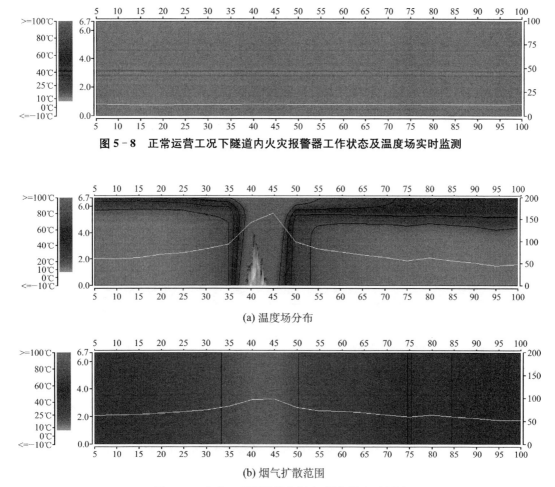

图 5-8　正常运营工况下隧道内火灾报警器工作状态及温度场实时监测

(a) 温度场分布

(b) 烟气扩散范围

图 5-9　火灾工况下隧道内温度、烟气场实时显示

隧道火灾动态预警及疏散救援技术的特点:

(1) 火灾工况时,实现对火灾突发事故的准确报警。

(2) 在完成报警后,能提供火灾时大量的关键信息,包括火源点位置,火灾大小和类型,温度场,烟气扩散范围和移动速度等关键参数,并实现对隧道火灾温度及烟气场的动态显示,从而更好地指导救援疏散工作。

（3）根据所掌握的火情信息来实施并不断调整疏散预案，从而使得火灾疏散预案更加合理有效。

（4）正常运营工况下，实现对隧道火灾报警系统运行状态的实时监测与评估、隧道内温度实时监测。

5.2.3 火灾实时温度场

温度场重构借助从一维到二维再到三维的思想。一维即指在某一条线上的温度分布情况，二维即指某一个面上的温度分布情况，三维即指在整个隧道空间内的温度分布情况。基于前期研究工作中建立描述火源下游横断面竖向温度分布模型的思想（Fang 等，2010），本书引入 Froude 数 Fr^*，用以描述火源下游不同区域温度烟流的分布特征。根据隧道内各点的 Froude 数 Fr^*，火源下游可以被划分成三个不同的区域（Newman，1984），如图 5-10 所示。火源下游区域划分、对应的 Fr^* 及温度烟流特征列于表 5-2。

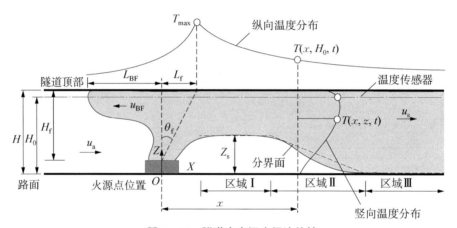

图 5-10　隧道火灾温度烟流特性

表 5-2　　　　　　　　　火源下游区域划分及对应的 Froude 数（Newman，1984）

区域	Fr^*	特　征
I	$Fr^* \leqslant 0.9$	在烟气浮羽力的作用下，横断面竖向温度存在非常明显的分层
II	$0.9 \leqslant Fr^* \leqslant 10$	由于通风气流与浮羽力强烈的相互作用，横断面竖向温度存在明显的分层
III	$Fr^* \geqslant 10$	横断面竖向温度分布不存在明显的温度分层

隧道内火源点下游不同位置的 Fr^*，可以通过式（5-1）计算得到（Ingason，2005）：

$$Fr^* = \frac{V_{avg}^2(x, t)}{1.5 \dfrac{\Delta T_{avg}(x, t)}{T_{avg}(x, t)} gH} \tag{5-1}$$

式中　$T_{avg}(x,t)$——火源下游距火源 x 处隧道横断面的平均温度,K;

　　　　$\Delta T_{avg}(x,t)$——火源下游距火源 x 处隧道横断面的平均温升,$\Delta T_{avg}(x,t)=T_{avg}(x,t)$

　　　　　　　　$-T_a$,K;

　　　　$V_{avg}(x,t)$——火源下游距火源 x 处隧道横断面的平均烟气流速,m/s;

　　　　T_a——环境温度,K;

　　　　H——隧道高度,m;

　　　　g——重力加速度,m/s^2。

对应于表 5-2 中的区域划分,不同区域中横断面上的竖向温度分布可表示为

$$T(x,z,t)=T(x,H_0,t)+\frac{T(x,0,t)-T(x,H_0,t)}{1+\exp\left(\dfrac{z-Z_s(x,t)}{\omega}\right)} \tag{5-2}$$

式中　$T(x,z,t)$——火源下游距火源 x 处隧道距地面高度 z 处的温度,K;

　　　　$T(x,H_0,t)$——火源下游距火源 x 处隧道拱顶处的温度,K;

　　　　$T(x,0,t)$——靠近地面附近的温度,K;

　　　　ω——近似为热烟气层界面与风流之间的厚度,m;

　　　　$Z_s(x,t)$——地面到烟气分界面的高度,m。

5.2.4　火灾烟气扩散范围

在隧道火灾中,由于拱顶的限制,上升的羽流在到达拱顶附近时受阻,浮羽流在垂向呈现滞止状态,从而在局部形成冲击区。在冲击区内,由于较大的压强梯度,从而驱动火烟羽流同时向上风侧和下风侧流动。当烟气处于相对稳定的流动状态时,一个相对稳定的烟气分层会在拱顶下方形成(Vantelon 等,1991)。火灾时,隧道内的温度传递主要靠火源点的热辐射以及烟气的对流,其中火源点热辐射的影响范围相对较小,在隧道内离火源较远处,温度的传递主要靠烟气的对流,因而,可以根据隧道内温度的变化来分析烟气的运动范围。

对于火源上游而言,烟气的扩散范围(逆流)不仅反映了烟气的影响范围,同时也是表征火灾规模的重要参数。表 5-3 列出了目前常见的烟气逆流层长度预测模型,并选取云南元江隧道火灾试验数据(胡隆华,2006;Hu 等,2008)以及 HSL 足尺隧道火灾试验数据(Bettis 等,1995)对各个模型的适用性进行了探讨,如图 5-11 和图 5-12 所示。

可以看到,现有的隧道火灾烟气逆流层模型的预测结果同真实的测量结果还是有一定的差距,且不能方便地应用于隧道火灾烟气扩散范围的分析。基于国内外关于隧道火灾最高温度、烟气逆流长度及厚度、温度纵向分布等方面的研究成果(胡隆华,2006,2007;Hu 等,2008;张兴凯,1997;北原良哉等,1984;Delichatsios,1981;Kunsch,1998,2002;Bailey 等,2002;范维澄等,1995;Li 等,2011),本书给出了烟气逆流层长度的计算式如下。

表 5 - 3 烟气逆流层长度预测模型国外的研究现状及发展动态

序号	公式/模型	方法	参考文献	说明
1	$L_{BF}/H_d = \left(\dfrac{2gH_dQ}{T\rho_a c_p V^3 A_s} - 5\right)$	基于 Froude 数小比例模型试验结果	Thomas, 1958	以 Froude 数或 Richardson 常数为基础,利用模型实验得出经验公式。当热释放率很高时,烟气逆流层长度的预测值同实验结果相差越来越大
2	$L_{BF}/H_d \propto R_i^{0.3}$	无量纲法,伦敦地铁模型试验结果及经验拟合	Vantelon,等 1991	
3	$L_{BF}/H_d = k_b\left(\dfrac{gQ}{\rho_a c_p T_a V^3 H}\right)^{1/3}$,$k_b = 0.6 \sim 2.2$	无量纲法及经验拟合	Saito 等,1995; Beard 等,2005	
4	$L_{BF}/H_d = 0.0278(Q^*/Fr^{5/3})^2$	无量纲法;经验拟合	周延等,1999,2001	
5	$L_{BF}/H_d = 7.5(R_1^{1/3} - 1)$	无量纲法;理查德森常数;经验拟合	Deberteix 等,2001	
6	$L_{BF}/H_d = f(Q/(\rho_a A u^3), gD/(c_p \Delta T), \theta)$	无量纲法;CFD 模拟;经验拟合	周福宝等,2003,2004	公式中包含大多需经试验确定的参数,直接应用性不强
7	$L_{BF}/H_d = f(T_a, \rho_a, u_a, Q, \cdots)$	以浮羽流和顶板射流的数学物理模型为基础	王海燕等,2004	
8	$L_{BF} = \ln\left[g\gamma\left(\dfrac{Q^{*2/3}}{Fr^{1/3}}\right)^\epsilon\left(\dfrac{C_k H}{V_a^2}\right)\right]/0.019$ $Q^{*2/3}/Fr^{1/3} < 1.35,\gamma = 1.77,\epsilon = 6/5$ $Q^{*2/3}/Fr^{1/3} > 1.35,\gamma = 2.54,\epsilon = 0$	以 Kurioka 等(2003)的最高温度计算公式为基础,分段考虑了风速及热释放率的影响	Hu 等,2008	Kurioka 提出的最高温度公式,当通风速度趋向为零时,其值趋向于无穷大,同试验结果不吻合

续表

序号	公式/模型	方法	参考文献	说明
9	$L_{BF}/H_d = \dfrac{M}{CH_d}\ln\left(\dfrac{2gh\Delta T_{max}}{T_a u_a^2}\right)$	以 Kurioka 等(2003)的最高温度计算公式为基础,分段考虑了风速及热释放率的影响	王彦富等,2007	Kurioka 提出的最高温度公式,当通风风速趋向为零时,其值趋向于无穷大,同试验结果不吻合
10	$L_{BF}/H_d = \dfrac{M}{CH_d}\ln\left(\dfrac{2gh\Delta T_{max}}{T_a u_a^2}\right)$ $h = f(M, C, \cdots)$	以 Kurioka 等(2003)的最高温度计算公式为基础,分段考虑风速及热释放率的影响;考虑烟气厚度的经验计算方法	姜学鹏等,2011	
11	$L_{BF}/H_d = 18.5\ln(0.81Q^{1/3}/V'), Q' \leqslant 0.15$ $L_{BF}/H_d = 18.5\ln(0.43/V'), Q' > 0.15$	无量纲法;经验拟合(以无量纲热释放率为标准,分段考虑了热释放率的影响)	Li 等,2010	以经验拟合为基础,半经验公式
12	Two-layer 区域模型	热力学平衡方程及若干假设	Hwang 等,1977	模型多建立在准静态假设上,同真实隧道烟气发展存在很大区别;模型含有多参数或需迭代,直接应用性较差
13	烟流滚退模型	热力学平衡方程及若干假设	Delichatsios 等,1981	
14	烟流滚退模型	以 Delichatsios(1981)的工作为基础	Kunsch 等,1998	
15	热烟气区域模型	热力学平衡及若干假设	Bettis 等,1995	
16	Two-layer 区域模型	以 Hwang 等(1977)的理论为基础,考虑纵向风流及燃烧时化学反应对烟气发展的影响	Guelzim,1994	

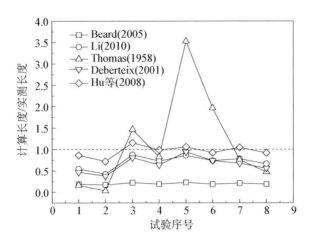

图 5 - 11　模型计算长度与试验实测长度的对比（基于云南元江隧道火灾试验）

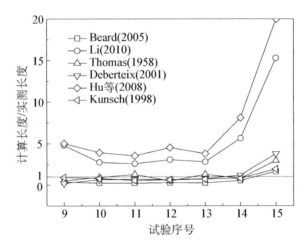

图 5 - 12　模型计算长度与试验实测长度的对比（基于 HSL 火灾试验；图中，随着试验序号的增大，试验中热释放率逐渐增大）

$$L_{BF} = -\frac{\ln\left(\dfrac{2T_a u_a^2}{3gH_s \Delta T_{max}}\right)}{K} = -\frac{\ln\left(\dfrac{2T_a u_a^2}{3gH_s \Delta T_{max}}\right)}{\alpha' D / (m' c_p)} = f(K, \Delta T_{max}, H_s, u_a, \cdots)\quad(5-3)$$

式中　D——烟流横截面周长中与隧道壁面接触部分的长度，m；

　　　H_s——烟气层厚度，m；

　　　K——系数，$K = (\alpha' D)/(m' c_p)$；

　　　α'——对流传热系数，W/(m² · K)，一般取 22.0～30.6；

c_p——定压比热,J/(kg·K);

m'——烟气逆流质量流率,kg·s^{-1};

u_a——纵向通风风速,m·s^{-1};

ΔT_{max}——烟流最高温度与环境温度的差值,K。

在隧道火灾动态预警及疏散救援系统中,参数 K 可通过两种方法来获取:

(1)通过拟合隧道内光栅光纤的纵向温度分布,进而得到参数 K。

以云南白茫雪山隧道全尺寸火灾试验为例,如图 5‑13、图 5‑14 所示,可以看到 400～800 s 时火源已处于稳定燃烧状态,基于此,拟合点火后 600 s 时的烟气逆流纵向温度分布,可得 $K=0.019\,38$,如图 5‑15 所示。

图 5‑13 云南白茫雪山隧道火灾试验稳定烟气逆流层

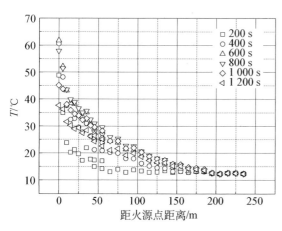

图 5‑14 云南白茫雪山隧道火灾试验典型时间点烟气逆流纵向温度分布

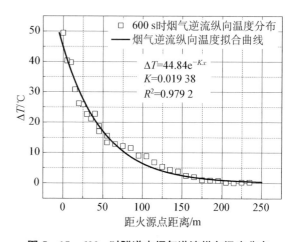

图 5‑15 600 s 时隧道内烟气逆流纵向温度分布

（2）根据隧道参数及烟流特性计算 K。

图 5-16 为本书给出的烟气逆流层长度计算式对于不同火灾试验的预测结果，可以看到计算模型在整体上与试验结果较为吻合。而计算白茫雪山隧道火灾工况下烟气逆流层的长度时，计算值比实测值小很多，可能原因是该试验隧道在海拔 3 400 m 处，由于空气密度较小，烟流的浮羽力相比较而言更大，从而蔓延地更远。

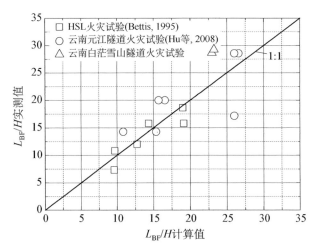

图 5-16　烟气逆流层长度计算模型全尺寸火灾试验验证

此外，基于云南白茫雪山火灾试验，采用两种不同方法计算 K 时，得到的烟气逆流层长度 L_{BF} 计算结果列于表 5-4，可以看到以拟合纵向逆流温度分布得到的 K 代入烟气逆流计算模型中时，计算值与实测值比较接近，而纯粹以烟流特性为基础计算得到的烟气逆流层长度 L_{BF}，与实测值有一定的差距。

表 5-4　　　　　　　　　　烟气逆流层长度计算模型结果

计算方法	L_{BF}/H 计算值	L_{BF}/H 实测值
以烟流特性为基础计算 K	23.25	29.25
拟合逆流纵向温度分布计算 K	27.24	29.25

5.2.5　火灾热释放率

基于隧道火灾规模与烟气逆流及隧道内最高温度等特征值间的关系，可开展火源点热释放率的计算，进而可获得隧道内完整的温度场分布特征。

以 2.2 节大断面隧道火灾试验为例，选取火灾燃烧的三个典型阶段（上升段、稳定段及下降段，如图 5-17 所示）开展了火灾热释放率及火源下游温度场分布特征的分析。

分析中选取的典型时刻点列于表 5-5。

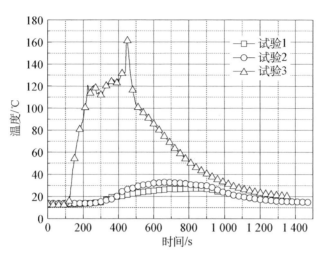

图 5-17 不同火灾强度下典型温升曲线

表 5-5 烟气温度场重构中选取的典型时刻点

试验序号	烟气温度场重构典型时刻(以系统开始工作时刻为基准时间点)/s			热释放率 Q 计算方法
1	450	800	950	基于 L_{BF}
2	400	700	1 000	基于 L_{BF}
3	200	400	—	基于 ΔT_{max_m}

由于光栅光纤传感器相邻两温度采集点之间的距离为 5 m,利用其识别出的烟气逆流层长度也就有一定的误差。试验中各典型时刻参数如表 5-6 和表 5-7 所示。

表 5-6 火灾试验中典型参数(1)

试验序号	典型时刻/s	u_a/m·s^{-1}	烟气逆流距离/m
工况 1	450	1.02	5~10
	800	1.24	5~10
	950	1.20	5~10
工况 2	400	1.68	0~5
	700	1.66	5~10
	1 000	1.80	5~10

表 5-7 火灾试验中典型参数(2)

试验序号	典型时刻/s	$u_s/\mathrm{m \cdot s^{-1}}$	$\Delta T_{\mathrm{max\_m}}/^\circ\mathrm{C}$
工况 3	200	0.2	75
	400	0.25	109

根据表 5-6 和表 5-7 中的参数,可以得到典型时刻下的火灾规模,如表 5-8 所示。

表 5-8 典型时刻热释放率反演值

试验序号	典型时刻/s	Q/MW
工况 1	450	0.30
	800	0.50
	950	0.45
工况 2	400	0.65
	700	1.20
	1 000	0.90
工况 3	200	1.2
	400	2.0

同时,可得到典型时刻不同火灾规模下隧道内的关键参数 Fr^* 及 $Z_s(x,t)$,如表 5-9 所示。

表 5-9 典型时刻不同火灾规模下温度分区

试验序号	典型时刻/s	区域	$Z_s(x,t)$
工况 1	450	I	5.6
	800	I	5.09
	950	I	5.19
工况 2	400	I	5.63
	700	I	4.87
	1 000	I	5.35
工况 3	200	I	5.00
	400	I	4.40

基于上述计算结果,各典型时刻不同火灾规模下隧道内的温度场分布如图 5-18—图 5-21 所示。可以看到,本章建立的方法能够很好地反映出火灾工况下隧道内的烟气流动及温度场分布特征。

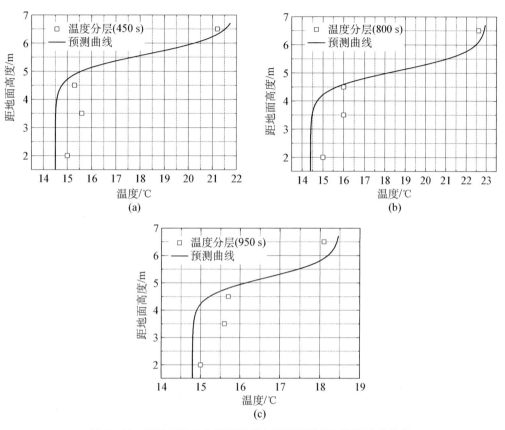

图 5‑18 试验工况 1 中横断面竖向温度测量值与预测曲线比较

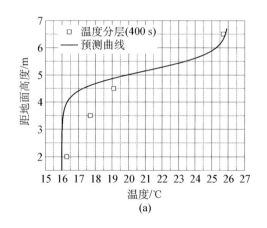

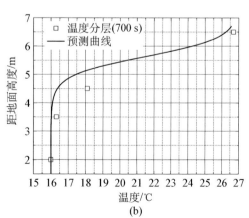

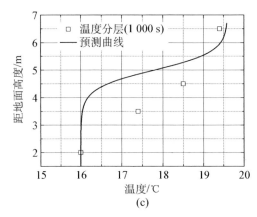

图 5‑19　试验工况 2 中横断面竖向温度测量值与预测曲线比较

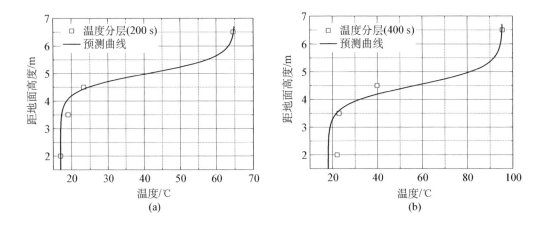

图 5‑20　试验工况 3 中横断面竖向温度测量值与预测曲线比较

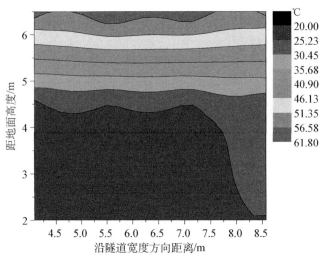

（a）试验工况 3 中 200 s 时温度云图

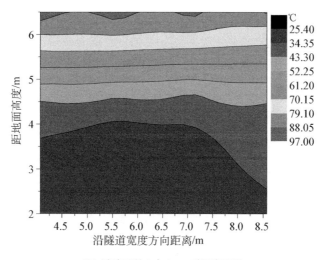

（b）试验工况 3 中 400 s 时温度云图

图 5‑21　试验工况 3 中典型时刻温度云图

5.2.6　火源点位置

如果能在火灾初期及时、准确地发现隧道内火源点的位置，并采取有效的灭火措施，就能避免火势发展扩大，从而把火灾的损失控制在最小的范围内。感温火灾探测器如光纤光栅等能够测得隧道拱顶处的温度值，即得到拱顶的最高温度的位置，则火源点应该就在该位置附近。由于隧道内存在着一定的纵向通风速度，会造成火焰产生一定的倾斜（图 5‑22），使得拱顶的最高温度点并不在火源的正上方，而是在火源下游的某一点处（李开源等，2006）。因此，基于拱顶最高温度定位的火源位置与真实火源位置间会存在偏差。

图 5‑22　隧道内风速导致的火焰倾斜

本书基于热辐射理论，结合光栅光纤感温探测原理，探讨了基于热辐射的火源定位方法。

理论分析和实验研究表明，任何温度的物体与绝对零度（－273℃）以上的物体都不停地向周围空间辐射红外线。根据斯蒂芬-玻耳兹曼定律，物体向空间辐射红外线的总辐射功率与开氏温度的四次方成正比,而且只要温度稍有变化就会引起物体发射的辐射功率的很大变化。从理论上讲,利用探测物体向空间辐射红外线的功率变化的方法,即能在火灾扩大前探测到火灾,实现火灾的早期探测。从此角度出发,借助于分布式光纤光栅系统,以实现火灾的早期探测与定位。

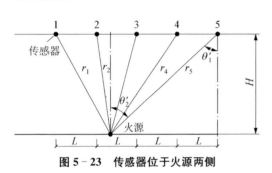

图 5-23 传感器位于火源两侧

假设物体表面为漫辐射面、物体为黑体辐射,火源为点火源,物体表面的辐射特性均匀(温度均匀、发射率及反射率均匀、投射辐射均匀)。选取光栅光纤上的两个传感器作为定位点,例如,两个传感器位于火源点两侧,光栅中心点相距为 L,隧道高度为 H,根据温升大小关系判断传感器同火源点的相对关系,假设此处 ΔT_2 大于 ΔT_5,假设火源点同 2 号传感器之间的距离为 x,如图 5-23 所示。

可得:

$$\frac{(L-x)^2 + H^2}{x^2 + H^2} = \sqrt{\frac{\Delta T_2}{\Delta T_5}} \tag{5-4}$$

即:

$$x = f(H, L, \Delta T_2/\Delta T_5) \tag{5-5}$$

式中　ΔT_2——光栅光纤测点 2 的温升,K;

　　　ΔT_5——光栅光纤测点 5 的温升,K。

当选取的两个光纤光栅测点位于火源同一侧时,同理可得到类似的计算式。

以 2.2 节中开展的大断面道路隧道火灾试验为例,对上述火源点定位方法进行了初步验证。

1) 两传感器位于火源点同一侧

选取距隧道出口端距离 50 m 和 60 m 的两个传感器,两个传感器的温度响应如图 5-24 所示。

选取燃烧开始阶段的典型时刻温度数据,分析中选取的时间间隔为 5 s,选取 10~45 s 之间的温度数据。计算火源位置与真实火源位置的对比如图 5-25 所示。

分别选取距隧道出口端为 45 m 和 50 m 的两个传感器,两个传感器的温度响应如图 5-26 所示。计算火源位置与真实火源位置的对比如图 5-27 所示。

从图 5-25 可以看到,当两传感器距离火源点位置较远时,在 10 s 时,计算结果同真实值相差较大,但在 15~45 s 时刻的计算结果同真实值较为接近,但预测误差基本上在 10 m 以内。从图 5-27 可以看到,当两传感器距离火源点位置较近时,计算值同真实值之间的差异较小,能较好地预测火源点位置。

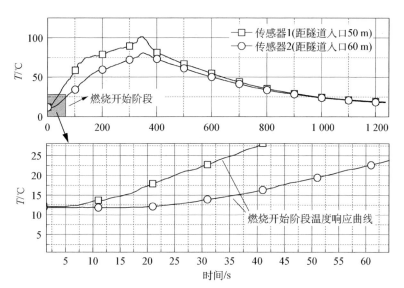

图5-24 传感器温度响应及燃烧开始阶段温度响应

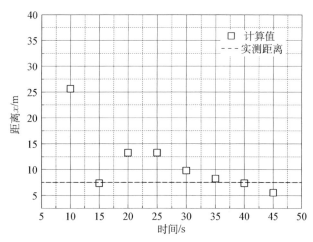

图5-25 两传感器位于火源点同一侧计算值同真实值比较

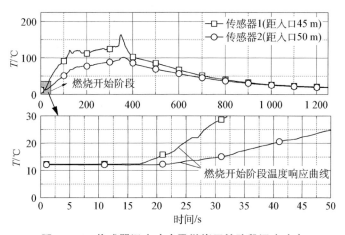

图5-26 传感器温度响应及燃烧开始阶段温度响应

179

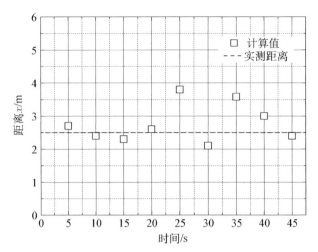

图 5-27 两传感器位于火源点同一侧计算值同真实值比较

2) 两传感器位于火源点两侧

选取距隧道出口端 40 m 和 50 m 的两个传感器,两个传感器的温度响应如图 5-28 所示。计算火源位置与真实火源位置的对比如图 5-29 所示。

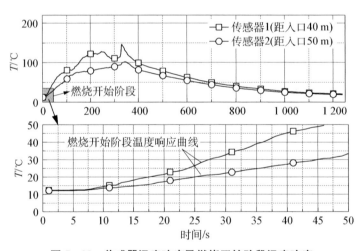

图 5-28 传感器温度响应及燃烧开始阶段温度响应

从图 5-29 可以看到,采用火源点两侧传感器进行火源点定位时,计算值同真实值之间的误差较小,但是必须注意到所得出的计算值有很大的离散性,这与光栅光纤传感器的灵敏度及隧道内的环境有一定的关系。

可以看到,在一定范围内本书建立的火源点计算方法具有很好的预测性,但是仍然存在较大的离散性,有些时候甚至与真实值相差很大,可能的原因在于:

(1) 计算方法是建立在辐射为黑体辐射的基础上,但真实环境中的火源点辐射很少是黑体辐射;

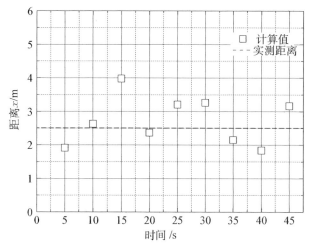

图 5‒29 两传感器位于火源点两侧计算值同真实值比较

（2）计算中假设火源点为点火源，与真实环境中的火源有较大差距；

（3）对于非金属而言，定向发射率在偏离法线 60° 时基本不变，等于法线方向的发射率；θ 角超过 60° 以后，ε_θ 才明显减小；当 θ 角等于 90° 时，$\varepsilon_\theta = 0$（李吉林等，2009）。由于定向发射率的存在，选择传感器的位置也就非常重要，这也是本书计算误差的原因之一；同时根据以上理论选择火源点 $\sqrt{3}H$ 范围内的传感器对于正确判断火源点的位置具有重要的意义。

5.2.7 工程应用

1. 工程概述

上海市大连路隧道工程总长度 2.5 km，隧道连接浦东的东方路和浦西的大连路，分东西两条，于 2003 年 2 月全线贯通（图 5‒30）。大连路隧道为双孔双向四车道盾构式，每条车道宽 3.75 m，高 4.5 m，设计车速为 40 km/h。隧道监控系统作为整个隧道的管理中心，下设中央计算机、设备监控、电视监控、程控交换、消防、广播等。

图 5‒30 隧道内景

大连路隧道原有的分布式光纤自动火灾报警系统主要由光纤探测器、光纤主机、手动报警器、感烟式火灾探测器、感温式火灾探测器、楼层显示器和报警主机组成。目前分布式光纤测温主机 DTS 200 因故障已经失效。在不改变大连路隧道整体防灾系统原有构架和功能的基础上用独立光纤光栅感温自动火灾报警系统替换了原系统,并在此基础上初步应用隧道火灾动态预警疏散救援技术,以提高大连路隧道自动火灾报警系统的灵敏度和可靠性,使之适应人们对公路交通隧道火灾安全日益提高的需要。

2. 隧道火灾动态预警及疏散救援系统架构

如图 5-31 所示,基于独立光纤光栅隧道火灾自动报警系统,隧道火灾动态预警及疏散救援系统可实现隧道火灾动态预警救援系统与原隧道监控系统的协同工作。

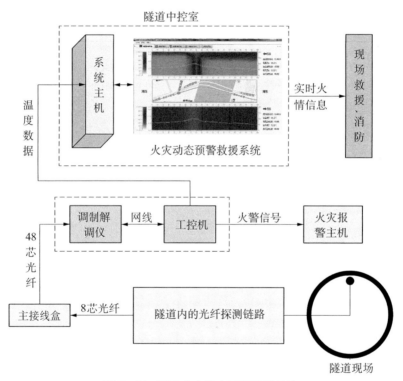

图 5-31 隧道火灾动态预警救援系统

3. 独立光纤光栅隧道火灾自动报警系统

独立光纤光栅感温火灾探测系统,采用独立光纤光栅作为温度传感探头,信息采集与处理使用多通道、高速、集中光电信号处理主机,信号处理器位于控制中心,控制室外现场只布设光纤光栅和光缆,大大提高了系统可靠性,全套系统能够很好满足隧道火灾报警和在线温度监测的要求。独立光纤光栅感温自动火灾报警系统在隧道中应用的总拓扑结构图如图 5-31所示。

所有设置在隧道里的探测器链路通过传输光缆进入主接线盒后经由主干光缆进入置于中控室的解调仪进行波长数据的解调,解调后的温度数据由网口传给工控机,并由火灾报警软件进行火灾模式识别。当火情发生时,显示报警位置及相关报警信息。报警信息通过串口连接至报警板。由报警板把数字信号转换成开关量输出给爱德华火灾报警主机。

独立光纤光栅火灾探测系统约 200 m 为一条链路,使用 1 个光学通道监测该条链路的火灾和温度信息。一条链路一般布置 20～22 只光纤光栅火灾探测器(火灾探测器间隔 10 m),东西两侧隧道分别布置 8 条链路。每 400 m 使用一只光纤熔接包将光信号引至主干光缆,经由沿隧道顶部铺设的 8 芯主干光缆将信号输入光纤光栅解调仪。

大连路隧道的探测链路共分成两大部分:行车道链路和电缆通道链路。根据所覆盖空间大小,光纤光栅探测链路取不同间距。整个大连路隧道项目共使用 30 个探测器链路。采用一台光纤光栅解调仪,配置总数为 33 通道,冗余 3 个通道用于日常检测。

行车道由隧道两端的矩形段及中间部分的盾构段组成。盾构段长 1 300 m,浦西矩形段长 115 m,浦东矩形段长 283 m。车行道内的火灾探测分别采用 8 条火灾探测链路,覆盖单幅隧道长度为 1 660 m。在矩形段隧道出口处各存在约 20 m 消防报警空白区段。链路布置在隧道顶部正中或顶部慢车道一侧 0.5 m 处(图 5-32)。东西侧隧道分别需要 4 个熔接包。探测链路与主干光缆一起悬挂于安装在隧道顶部的钢丝绳上。主干光缆在顶部延伸至浦西矩形段后被引入电缆夹层内,多条主干光缆会合进入主熔接包,经由多芯光缆直接接入光纤光栅解调仪(图 5-33)。

图 5-32 独立光纤光栅探测链路布置

图 5-33 光纤光栅火灾报警系统

光纤光栅信号处理器是本系统的核心设备(图5-33),可对光纤光栅火灾探测器检测到的光信号进行解调,可以在显示器上显示每个测点的温度情况,同时通过通信协议将报警信息发送到监控中心的消防报警主机,信号处理器还能够在本地对数据进行分析、查询、保存等。光纤光栅信号处理器与火灾报警控制器相连,可输出火灾报警信号、报警位置及设备故障报警信号,进而启动消防联动系统。

通过开展的小规模隧道火灾试验(图5-34),对隧道动态火灾预警疏散救援系统进行了测试,验证了系统的有效性(图5-35、图5-36)。

图 5-34　隧道现场火灾试验

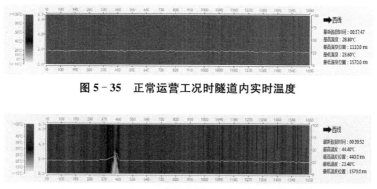

图 5-35　正常运营工况时隧道内实时温度

图 5-36　火灾工况下时隧道内实时温度烟气分布

5.3　地铁应急疏散逃生通道技术

5.3.1　概述

地铁因其安全、舒适、载客量大、快速、准点、低耗能、少污染的特点,被称为"绿色交通",越来越受到人们的青睐,极大地改善了城市交通拥挤的问题。由于地铁的建筑、设备和运营生产活动都处于地下,并设有大量的机电设备和一定数量的易燃和可燃物质,运行过程中有较多的乘客和工作人员,因此,存在着很多潜在的火灾因素。地铁火灾主要有下列几个特性:

(1) 烟气扩散迅速。地铁内部空间相对封闭,隧道内就更为狭窄,所以烟雾很快便会充满车站和区间隧道。

(2) 逃生条件差。主要表现在垂直高度深、逃生途径少,逃生距离长,如图5-37、图5-38所示。

图 5-37 地铁车站站台与站厅间的通行楼梯

图 5-38 地铁车站站台与站厅间的通行楼梯及自动扶梯

(3) 允许逃生的时间短。试验证明,允许乘客逃生的时间只有5 min左右。另外,车内乘客的衣物一旦引燃,火势将在短时间内扩大,允许逃生的时间则更短。我国《地铁设计规范》(GB 50157—2013)中允许的逃生时间是6 min。

（4）纵火事件防范难。地铁内人员流动性大，加之通风口很多，所以地铁纵火事件突发性强，在没有事故前兆的情况下，乘客很难引起警觉、提前采取防范措施，直接烧死或窒息死亡的可能性也就会增大。

（5）人员疏散避难困难。地铁车站和隧道的空间狭窄，出入口少，但客流量大，高峰时车站及列车都相当拥挤，如图5-39所示。发生火灾时，在无人指挥的情况下，乘客容易发生惊慌，相互拥挤而发生挤倒、踏伤或踏死。另外，在地铁火灾发生时，人员的逃生方向和烟气的扩散方向都是从下往上，人员的出入口可能就是烟气出口，人员疏散的难度较大。

图5-39 地铁车站客流

针对上述地铁车站火灾疏散逃生救援面临的难题，本书提出了地铁应急疏散逃生通道的方法。通过设置应急疏散逃生通道，能使乘客在紧急状况下快速、安全地逃生，为地铁车站内的乘客快速逃生提供额外的安全通道，加快人员的疏散速度，提高疏散的效率，同时该应急疏散逃生通道也可作为行动不便的年迈体弱者及在事故中有可能出现的伤者的暂时的避难所，并可作为消防人员进入现场进行扑救的快捷通道；而在乘客得到有效疏散后，该应急疏散逃生通道也可作为通风排烟系统的一部分，使火灾时烟气控制的灵活性得以改善；而在平时该应急疏散逃生通道也可作为处理紧急情况、运送物资的快捷通道。

5.3.2 地铁应急疏散逃生通道技术原理

如图5-40—图5-42所示，应急疏散逃生通道分为站台层和站厅层上下两层，站台层、站厅层的内侧壁上设有多个通道入口，通道入口处设有防火卷帘门。站台层、站厅层内均设有疏散楼梯，站台层内的疏散楼梯通至站厅层内，站厅层上设有相应的入口，站厅层内的疏散楼梯通至地面。

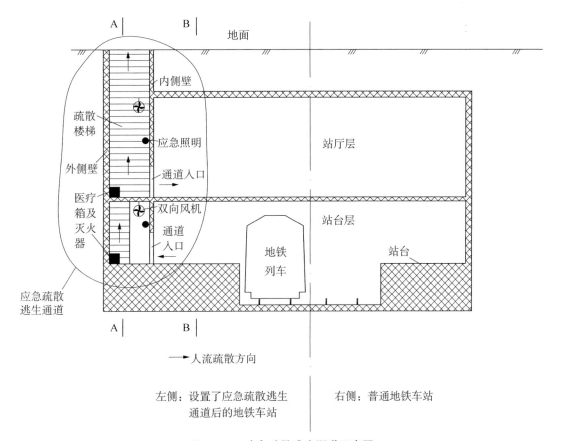

图 5‑40 应急疏散逃生通道示意图

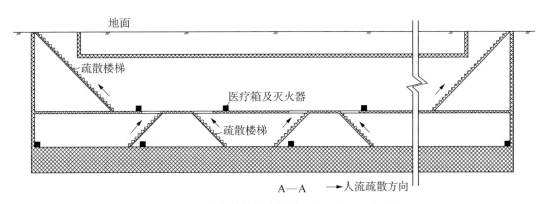

图 5‑41 应急疏散逃生通道示意图(A—A 剖面)

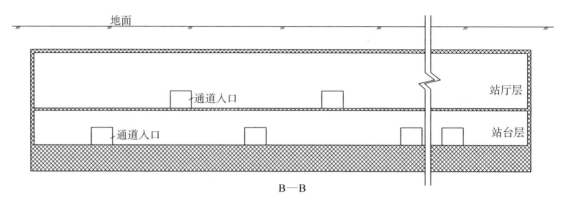

图 5‑42 应急疏散逃生通道示意图(B—B 剖面)

站台层、站厅层的内部还设有双向通风机、应急照明灯、医疗箱及灭火器。

该应急疏散逃生通道入口处的防火卷帘门平时处于关闭状态,一旦火灾发生,人员需要疏散时,开启防火卷帘门,车站内人员可以进入应急疏散逃生通道内进行避难、治疗,并通过疏散楼梯直接逃生至地面。消防人员也可以通过疏散楼梯直接从地面进入车站内进行灭火救援工作。

双向通风机在车站内火灾发生时开启进行工作,使得应急疏散逃生通道内的气压大于外部气压,从而能有效防止高温烟气蔓延至应急疏散逃生通道内威胁通道内人员的生命安全。灭火器在通道内起火时可用来进行快速灭火,保证通道内人员生命安全。应急照明灯可提供临时照明。行动不便的年迈体弱者及在事故中出现的伤者进入应急疏散逃生通道内后,可用医疗箱内的医疗设备和药品进行紧急治疗。

如图 5‑43 所示,对于采用侧式站台的地铁站,应急疏散逃生通道设置在两个站台的外侧。应急疏散逃生通道的外侧壁可以与地铁车站的侧壁共用,应急疏散逃生通道的内侧壁为防火墙,将应急疏散逃生通道与车站的站台隔开。

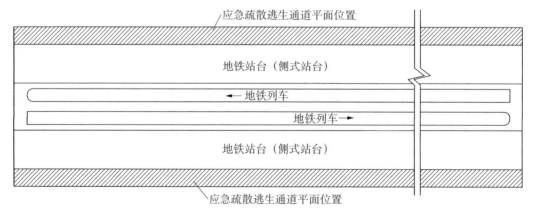

图 5‑43 侧式地铁站应急疏散逃生通道的平面布置位置示意图

如图 5-44 所示,对于采用岛式站台的地铁站,应急疏散逃生通道位于车站的两侧,这样应急疏散逃生通道与站台之间就被列车的轨道隔开。当发生紧急情况时,可令轨道上的列车两边的门开启,则站台上的人员可通过列车进入车站两侧的应急疏散逃生通道内。

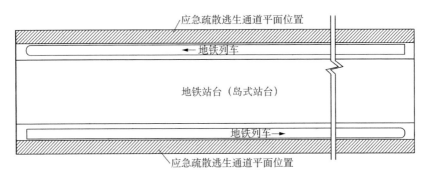

图 5-44 岛式地铁站应急疏散逃生通道的平面布置位置示意图

修建应急疏散逃生通道的空间可在地铁车站基坑开挖过程中留出,即加大基坑两侧的尺寸,增加部分即为通道所留。车站基坑维护结构(地下连续墙)可作为通道外侧壁永久使用。

5.3.3 地铁应急疏散逃生通道疏散仿真分析

为了探讨应急疏散逃生通道的疏散效率,针对某地铁站有无应急疏散逃生通道的情况进行了疏散模拟分析。该地铁站为岛式车站,原站台层及站厅层疏散平面示意图如图 5-45 所示。站台层通过 4 组楼梯可通到站厅层,站厅层与地面间设有 4 个出入口(图中编号为 1—4)。在对比分析中,应急疏散逃生通道按照如下情况设置:只在站台层设有应急疏散逃生通道的通道入口,两侧各 3 个,共 6 个;两侧应急疏散逃生通道内各设 3 组疏散楼梯通至地面,共 6 组。考虑上下行线均有列车停在站内的情况,此时,车站内共有 6 720 人需要疏散,如表 5-10 所示。

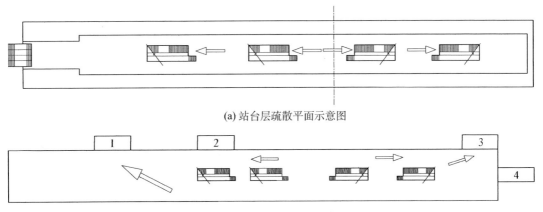

(a) 站台层疏散平面示意图

(b) 站厅层疏散平面示意图

图 5-45 岛式地铁站应急疏散逃生通道的平面布置位置示意图

189

表 5 - 10   在有无应急疏散逃生通道的两种情况下车站内人员的疏散时间

设计场景	站厅层人数/人	站台层人数/人	车站内总人数/人	疏散时间/s
无应急疏散逃生通道	1 200	5 520	6 720	1 274
有应急疏散逃生通道				491

图 5 - 46 给出了无应急疏散逃生通道时,地铁车站内人流的疏散过程。可以看到,由于站厅层出口数量较多,且出口通行能力较大,人员到达站厅层后可以迅速疏散到地面。影响整个疏散过程的主要因素为站台层与站厅层的楼梯,由于通行能力有限,导致站台层的人员不能迅速到达站厅层。图 5 - 47 给出了设置应急疏散逃生通道后,地铁车站内人流的疏散过程。可以看到,在设置应急疏散逃生通道后,车站内人员的疏散时间从原来的 1 274 s 大幅度减少至491 s,减少了 783 s。其中,有 2 240 人是通过应急疏散逃生通道疏散的。由于在分析中只在站台层设有应急疏散通道的入口,所以这部分人(2 240 人)全部来自站台层,占到站台层总人数(5 520 人)的 40% 左右。

(a) $t=0$ s 时,站厅层人员分布情况

(b) $t=30$ s 时,站厅层人员分布情况

(c) $t=68\,\mathrm{s}$ 时，2 号及 3 号、4 号出口人员分布情况

图 5 ‐ 46　无应急疏散逃生通道时地铁站内的人员疏散情况

(a) $t=0\,\mathrm{s}$ 时，人员分布情况

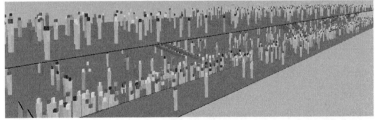

(b) $t=10\,\mathrm{s}$ 时，人员分布情况（地铁两侧车门打开，人员开始向两侧疏散）

(c) $t=142\,\mathrm{s}$ 时，人员疏散情况

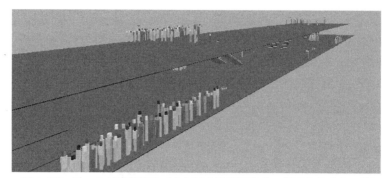

(d) $t=351\,\mathrm{s}$ 时，人员疏散情况（人员已全部离开地铁，拥挤在几个出口处）

图 5 - 47　设置应急疏散逃生通道后地铁站内的人员疏散情况

初步的分析表明：地铁车站内应急疏散逃生通道的设置能够有效地提高车站内人员的疏散效率，减少人员疏散时间，提高地铁车站应对应急突发事件的能力和运营安全性。

综上所述，应急疏散逃生通道具有如下优点：

（1）该应急疏散逃生通道可为地铁车站人员逃生提供便捷的通道，加快站内人员的疏散速度，提高疏散的效率，从而提高地铁车站的运营安全性及防火抗灾能力；

（2）部分年迈、体弱或者受伤的弱势逃生人员在进入该应急疏散逃生通道后可能无力继续通过疏散楼梯逃生至地面安全处，此时应急疏散逃生通道即可作为应急避难使用，并且应急疏散逃生通道内所备的治疗箱可提供应急医治的医疗设备和药品；

（3）该应急疏散逃生通道可作为消防队员进入火灾现场的快捷通道，方便他们迅速、便捷地进入车站内实施灭火救援工作；

（4）当人员疏散完毕后，该应急疏散逃生通道可通过反向运转通风机，作为排烟通道，从而提高地铁车站内通风排烟系统的控烟能力；

（5）该应急疏散逃生通道还可作为处理应急情况、运送物资的快捷通道。

5.4　地下空间火灾疏散分析的基本原理

5.4.1　概述

由于火灾发生时人员疏散、救援的复杂性，通过耦合火灾工况下地下空间内烟气流动特性及温度场分布，并综合考虑其功能空间及消防设施设置、可能的最不利疏散场景等因素，对火灾工况下地下空间内的人员疏散逃生进行仿真分析，是检验疏散救援模式的合理性、获取疏散救援系统关键设计参数及优化火灾疏散救援策略的重要手段。

疏散是指发生火灾等紧急状况时，人员通过意识到完成行动的一个连续过程，可分为察觉（外部刺激）、确认与反应（行为举止）及运动（行动）三个连续的阶段（李引擎，2005）。

地下空间火灾疏散的安全性可通过判断从火灾发生到发展到危险状态的时间，或所能提供给人员安全疏散的时间 ASET（Available Safe Escape Time）是否大于从火灾发生到地下空间内人员全部疏散完毕所需的时间,或人员安全疏散所必需的时间 RSET(Required Safe Escape Time)来确定。地下空间火灾时能提供给人员的安全疏散时间 ASET 以及人员安全疏散所必需的时间 RSET 与地下空间火灾报警系统火灾响应的及时性与准确性、安全疏散设施的设置情况以及疏散救援策略的合理性等密切相关。对于道路隧道,安全疏散设施包括横通道、逃生楼梯(滑梯)、疏散指示、应急照明、应急广播、可变情报板、通风排烟系统、消防灭火系统等。对于地铁等地下空间工程,参照上部建筑(刘文利等,2004),其安全疏散设施包括疏散楼梯和安全出口,疏散指示、应急照明、消防广播系统以及防排烟系统等。

人员安全疏散所必需的时间由火灾探测报警时间、人员准备疏散时间以及人员疏散运动时间三部分组成(姚斌等,2003)。这其中,地下空间内安全疏散设施的设置情况以及疏散救援策略的合理性会显著影响人员准备疏散时间和人员疏散运动时间。

由于未考虑火灾疏散过程中存在的随机性,基于 $RSET < ASET$ 的疏散安全评价存在一定的局限性。人员疏散时产生随机不确定性的主要影响因素有危险来临时间、火灾探测器的报警时间、人员反应时间以及人员疏散时间这四个因素(陆守香等,2004)。可通过将 $RSET$ 和 $ASET$ 视为服从某种概率分布的随机变量(如正态分布),并定义人员安全疏散的评价函数 $S_{(t)} = RSET - ASET$ 来反映疏散过程的随机性;当人员安全疏散的评价函数 $S_{(t)} < 0$ 时,表示人员可以安全疏散,其概率分布则表示人员疏散的安全性(左剑和姚斌,2006)。

5.4.2 人员疏散的计算方法

人员疏散安全性的分析预测,一般有现场模拟试验测量法、经验公式法和计算机模拟三种方法(李引擎,2005)。现场模拟试验测量法通过组织人员在实际建构筑物或模型中开展疏散逃生试验来获得疏散逃生时间、逃生效率等参数以及评价疏散逃生的安全性。现场模拟试验测量法代价较大且受限于试验条件,有时难以全面反映人员疏散的真实过程(如大客流、火灾高温烟气环境、人员恐慌心理等的影响)。经验公式法基于一系列经验公式,通过计算进行疏散预测,以日本为代表的一些国家主要采用此类方法。计算机模拟是借助计算机来仿真模拟火灾环境下人员疏散的动态过程,并获得包括疏散时间、伤亡情况在内的全面、完整的人员疏散信息,这是目前最为常用的方法。

合理可靠的人员疏散计算模型是计算机模拟取得成功的关键。目前,采用的人员疏散模型可分为两类:①不考虑人与环境相互作用的疏散模型。这类模型忽略了人群中个体对周围环境的响应,将人群的疏散作为一种整体运动考虑,人群的疏散方向和疏散速度等仅取决于人群密度、出口疏散能力等建(构)筑物的物理特性。②考虑人与环境相互作用的疏散模型。这类模型考虑了疏散人群中每个个体的特性、对火灾的响应及个体疏散行为。

5.4.3 外界环境对人员疏散的影响

火灾发生时的人员疏散是一个与外界环境密切相关的过程。在人员疏散的察觉阶段、确认与反应阶段以及疏散行动阶段,语音、照明、能见度、烟气毒性及火灾高温、疏散指挥及管理、疏散安全设施等多个方面的外界环境因素会对人员的疏散产生影响。

1）语音

语音是传递火灾报警信号并指挥疏散救援的重要手段。特别是在黑暗处,人员对火灾的察觉及响应主要依靠语音的唤醒作用。而人员的年龄、背景噪声、失聪、睡眠时间段、性别、语音意义及服药会影响火灾警报语音的唤醒作用(Bruck,2001)。

2）照明

火灾发生时的应急照明会对人员心理状态、疏散速度以及对安全疏散设施的使用产生显著的影响。

3）出口及疏散指示标识的能见度

地下空间内出口及疏散指示标识的能见度会显著影响火灾发生时人员的疏散路径选择及疏散时间。有无照明以及有无烟气情况下的疏散指示标识具有不同的能见度,且疏散指示标识亮度、均匀度和对比度是烟气条件下疏散标识能见度的重要影响因素(Collins 等,1990)。尽管疏散指示标识的颜色不是影响能见度的主要因素,但却是影响人员注意力的主要因素(Collins 等,1990)。此外,除了亮度,大小、颜色也会在某种程度上影响疏散指示标识在人的心理感觉上的能见度(宋卫国等,2006)。同时,在火灾烟气弥漫的条件下,为补偿外界光对能见度的损失,应减小沿疏散指示路径的照明灯光强度或增加疏散指示标识本身的亮度(Quellette,1988)。

值得注意的是,老人、青少年以及具有视觉障碍或听觉障碍等的特定人群对疏散指示标识(视觉或语音)具有不同的反应特性(Cook 等,2005)。对于视觉障碍者开展的疏散反应特性研究表明:在普通和应急照明条件下,参与试验的 12 种应急疏散指示标识中,仅有少数对视觉障碍患者有效。

4）烟气毒性及火灾高温

火灾发生时的烟气毒性及高温对人员疏散的影响主要包括:火灾对人员心理和精神状态的影响,火灾烟气对人员生命及健康的致命影响以及火灾烟气高温对能见度及人员疏散逃生效率的影响。

5）疏散指挥及管理

火灾发生时,以道路隧道、地铁工程为代表的地下空间内的人员疏散逃生是一个有组织的疏散过程。在疏散过程中,疏散指挥预案及策略是影响人员安全疏散的重要因素。

6）疏散安全设施

地下空间内疏散通道、疏散出口的完备性、疏散标识的易辨识性以及疏散路径的复杂性对人员疏散的效率及疏散时间具有显著影响。

5.5 典型地下工程火灾疏散仿真分析

5.5.1 长大越江道路隧道火灾疏散仿真分析

1. 概述

本书以某长大越江盾构道路隧道(双向六车道,重点排烟)为背景开展了火灾疏散仿真分析,研究了火灾发生位置、人员密度、逃生通道通行能力和逃生出口数量等因素对人员疏散效率的影响。

分析中,在综合考虑隧道长度、交通量及交通组成、通风模式、消防监控配置以及救援组织的基础上,确定出可能的火灾场景。在此基础上,结合 CFD(Computational Fluid Dynamics)计算得到的火灾时隧道内温度场、烟气流动速度、高温有毒气体浓度分布特性及隧道内能见度等基础数据,作为疏散分析的背景数据进行人员疏散逃生救援分析,在分析人员疏散的同时考虑了隧道内由火灾引起的环境变化对疏散逃生的影响。

2. 疏散影响因素分析

火灾时人员疏散行动所需的时间包括步行到逃生口处的时间和在逃生口处排队的时间两部分。对疏散行动的影响因素很多,比如隧道疏散设施的特性、火灾特性、人员特性等。本书重点分析了火灾发生位置、人员密度、人员速度和逃生通道宽度四个因素对人员疏散的影响。

火灾发生时,人员察觉阶段的时间按以下方法取值:离火源点 50 m 范围内的人员认为是直接看到火灾的发生或从前方人员处得知火灾发生的消息,因而该阶段时间相对较短,取为30 s;离火源点 50 m 范围以外的人员通过隧道内的火灾自动报警系统得知火灾发生的消息,因而该阶段时间相对较长,取为 60 s。获得火灾信息后,不同个体对火灾的确认和反应阶段的时间按照人群不同的年龄和性别从 0~120 s 范围内随机给出。

1) 火灾发生位置的影响

发生火灾时,上游人员下车向远离火灾方向步行逃生,下游方向的车辆继续驶向隧道出口。考虑一条隧道发生火灾的情况,取火源上游 850 m 长的隧道段为计算对象,即两条横通道间的长度。如图 5-48 所示,其中 D1 号和 D5 号出口代表两条隧道间的横通道,可同时允许 3 股人流通过;D2 号、D3 号、D4 号出口代表隧道内的逃生楼梯口,只能允许 1 股人流通过。D1 号出口到 D5 号出口的方向为车辆的行驶方向,则人员的逃生方向为 D5 号出口到 D1 号出口。取车间距为 3 m,即相当于每 50 m 的距离内有 100 人的人员密度。人的步行速度取 17~50 岁的人为 0.96~1.2 m/s,51~80 岁的人为 0.3~0.96 m/s。

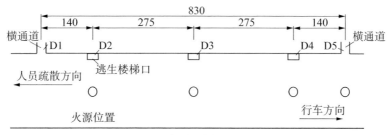

图 5-48 疏散模型示意图(单位:m)

在计算时考虑最不利的情况,即火灾发生在某个逃生口附近,这样人员的逃生距离是最长的,并且该逃生口会被火封住而不能使用。考虑火灾分别发生在 D2 号出口、D3 号出口、D4 号出口和 D5 号出口 4 个位置时,火源上游人员的疏散时间计算结果如图 5-49 所示。

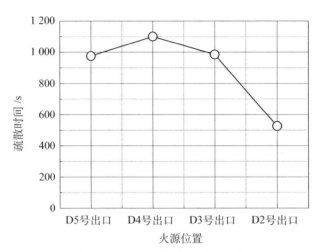

图 5-49　不同火源位置时的疏散时间

可以看到,当火灾发生在 D4 号出口位置时所需的逃生时间最长,这是由于此时火灾点距离最近的 D3 号出口和次近的 D2 号出口的距离都较长,分别为 275 m 和 550 m,且这两个逃生口的疏散能力弱,都只能允许 1 股人流通过,而与疏散能力最强的 D1 号出口之间的距离是最长的。而逃生时间最短的是当火灾发生在 D2 号出口处时,此时火灾发生点与最近的逃生口之间的距离很短,只有 140 m,且该逃生口的疏散能力强,可同时允许 3 股人流通过。

此外,从计算结果来看,在布置两相邻横通道之间的逃生楼梯时,考虑到逃生楼梯的疏散能力弱于横通道的疏散能力,应该使两相邻逃生楼梯之间的距离小于逃生楼梯与横通道之间的距离,以使得整条隧道的疏散能力更均匀,更利于人员的疏散逃生。

2) 人员密度的影响

人员密度的不同由车间距的不同来反映,取车间距分别为 1 m、3 m、5 m 三种情况。车种比及乘客数如表 5-11 所示。考虑火灾发生在最危险的位置,即 D4 号出口附近。

表 5-11　车种比及乘客数

车型号	大客	中客	小客	大货	中货	小货
车种比/%	5.2	12.3	42.5	7.5	20.1	12.4
乘客数/人	50	20	4	1	1	2

如图 5-50 所示,当车间距为 1 m、3 m 和 5 m 时,疏散时间分别为 1374 s、1069 s 和 980 s,疏散人数分别为 1 960 人、1 540 人和 1 225 人。随着车间距的增大,疏散时间不断减小。当车间距为 1 m 时,疏散时间为 1 374 s,即 23 min54 s,十分接近 25 min(该越江隧道人员疏散的控制时间)。当车间距从 1 m 增加到 3 m 时,疏散时间减少了 305 s,减小的幅度较大;而车间距从 3 m 增加到 5 m 时,疏散时间只减少了 89 s,减小的幅度较小。

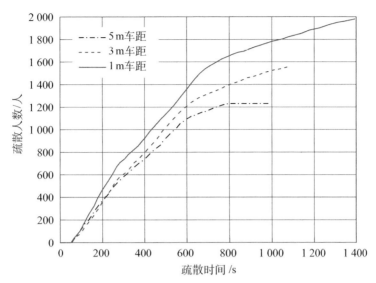

图 5‑50 不同人员密度下的疏散时间

3）人员步行速度的影响

为研究人员步行速度的影响，忽略因年龄而造成的人员步行速度的差异。选取 1.0 m/s、1.2 m/s、1.4 m/s 和 1.6 m/s 四个速度进行计算，考虑火灾发生在最危险的 D4 号出口附近，车间距为 3 m。计算结果如图 5‑51 所示。

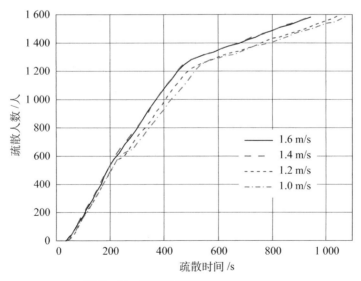

图 5‑51 不同步行速度下的疏散时间

可以看到，当步行速度为 1.0 m/s、1.2 m/s、1.4 m/s 和 1.6 m/s 时疏散时间分别为 1 100 s、1 052 s、944 s、951 s。随着人员步行速度的增加，人员疏散时间减少。当人员步行速度从 1.2 m/s 增加到 1.4 m/s 时，疏散时间减少了 108 s，减少幅度较大。当人员步行速度从 1.4 m/s 增加到 1.6 m/s 时,疏散时间变化不大。

4) 逃生通道宽度的影响

选取逃生楼梯口可同时供 1 股、2 股、3 股人流同时通过这三种工况,考虑火灾发生在最危险的 D4 号出口附近,车间距为 3 m,人的步行速度取 17~50 岁的人为 0.96~1.2 m/s,51~80 岁的人为 0.3~0.96 m/s。

如图 5-52 所示,当逃生楼梯口可同时供 1 股、2 股和 3 股人流同时通过时疏散时间分别为 1 148 s、966 s、965 s。随着逃生口宽度的增加,人员疏散时间逐渐减小。当逃生楼梯口的宽度增加到可同时供 2 股人流通过时,疏散时间大大减少,减少了 182 s;而当逃生楼梯口的宽度从可同时供 2 股人流通过增加到可同时供 3 股人流通过时,疏散时间几乎没有变化。

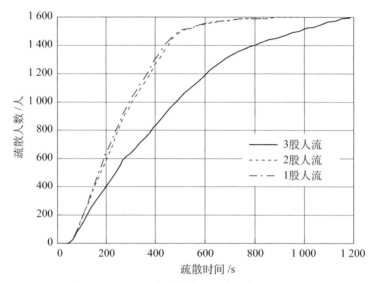

图 5-52 不同逃生楼梯口宽度下的疏散时间

3. 隧道排烟疏散系统安全性评估

计算考虑了正常运营和阻塞两种工况。计算中取最大火灾规模为 50 MW,火源尺寸取为 5.5 m×2.5 m×3.75 m(长×宽×高)。正常运营工况时考虑火灾发生在最危险的 D4 号出口位置,计算 D4 号出口与 D3 号出口之间人员的疏散情况;阻塞工况时考虑火灾发生在最危险的 D2 号出口位置,计算 D2 号出口与 D3 号出口之间人员的疏散情况。射流风机提供 3 m/s 的纵向风速,排烟风机排烟量取为 150 m³/s。隧道顶部排烟口的间距为 60 m,大小为 2 m× 4 m,发生火灾时,考虑火源上游启动 1 个排烟口,下游启动 2 个排烟口。火源位于距离中间排烟口 10 m 处。

计算隧道模型长 300 m,宽 12 m,其中每 50 m 为一基本段,如图 5-53 所示。车种比及每辆车上的人数按表 5-11 取值。在隧道内发生火灾后,火源上游的车辆无法继续前行而需停车,此时的车间距会很近,因而取为 1 m,则 300 m 长的隧道内共有 804 人。因为人员疏散时的特性会因性别和年龄的不同而产生一些差异,因而根据人员的性别和年龄的不同将其分成六类,具体的分类及比例见表5-12。人员的察觉时间、确认和反应时间取值见表5-13。人员步行速度取值见表5-14。

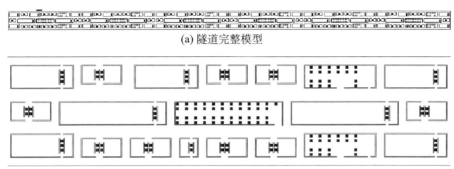

(a) 隧道完整模型

(b) 隧道基本段模型

图5-53　隧道疏散模型

表5-12　　　　　　　　　　人员类型及其比例

人员类型	人员比例/%	人员数量/人
17~29 岁的男性	15.0	121
30~50 岁的男性	30.0	241
51~80 岁的男性	15.0	121
17~29 岁的女性	10.0	80
30~50 岁的女性	20.0	161
51~80 岁的女性	10.0	80

表5-13　　　　　火源上游人员的察觉时间、确认和反应时间取值

离火源点距离	察觉时间/s	确认和反应时间
离火源点 50 m 范围内	30	17~50 岁的人取 0~60 s 内随机分布;51~80 岁的人取 30~90 s 内随机分布
离火源点 50 m 范围以外	60	

注:考虑到隧道纵向通风使得烟气更多地向火源下游蔓延,从而使得下游人员的察觉时间、确认和反应时间的总和较上游小,分析中,其取值在表中所列时间的基础上减少 30 s。

表5-14　　　　　　　　　　人员步行速度取值

人员年龄/岁	步行速度/m·s⁻¹	人员年龄/岁	步行速度/m·s⁻¹
17~50	0.96~1.2	51~80	0.3~0.96

在分析中考虑了车辆的存在对于人员疏散的影响,并且包括了人员从车内疏散至车外的时间,这一时间对于大中型客车内的人员来说是较长的,不能忽略。

1) 正常运营工况时发生火灾

在正常运营工况下发生火灾时,着火车辆之前的车辆可继续前行,其后方的车辆因被阻断前方去路而被迫停车,并且在停泊时不得进入安全口的警示黄线内,如图 5－54 所示。而中央控制室在确认火灾位置后,启动救灾程序——启动排烟系统,开启必要的射流风机,阻止烟雾向火源后方蔓延,使乘行人员在无烟的环境下,按可变情报板、无线广播指示的最佳逃生路线迅速撤离现场。此时就近的连接通道将是最佳的逃生路径(彭子晖,2008)。

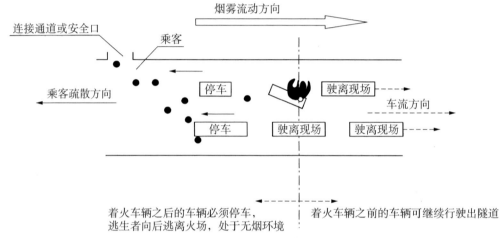

图 5－54　正常运营工况下发生火灾时乘行人员逃生流向(彭子晖,2008)

如图 5－55 所示,火灾时,804 人全部从 D3 号出口安全疏散,所用的时间为 1 286.83 s,即 21 min26 s。虽然疏散时间较长,超过了 21 min,但是由于隧道内的通风排烟系统很好地抑制了烟气的回流,从而为火源上游人员的逃生提供了一个比较有利的环境。

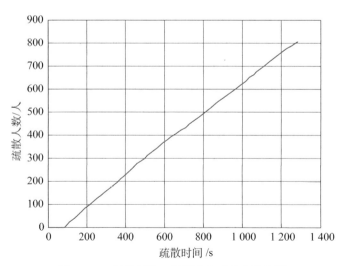

图 5－55　正常运营工况下火灾时的疏散结果

同时,在疏散过程中,发现大客车内人员的疏散情况对于整个隧道的排烟疏散系统的安全性有着重要的影响。因为大客车内的人员密度很大,而且只有车头附近有一扇门,车内的大部分空间是座椅,只有中间一条通道可供人员走动,因而车内的人员疏散到车门外需要一定的时间,而且因为拥挤容易造成意外事故。图5-56给出了离火源最近的一辆大客车内的人员疏散过程。可以看到,当火灾发生后34 s时车内第一个人开始疏散行动,38 s时第一个人疏散至车门外,150 s时最后一个人员疏散至车门外。从火灾发生到大客车内的全部人员疏散至车门外需要150 s。

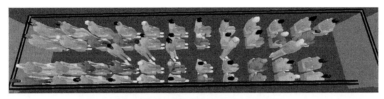

(a) 0 s时大客车内人员分布情况

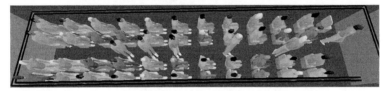

(b) 34 s时大客车内人员分布情况

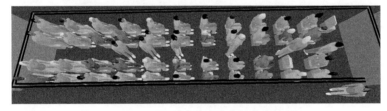

(c) 38 s时大客车内人员分布情况

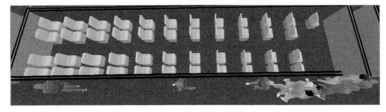

(d) 150 s时大客车内人员分布情况

图5-56 大客车内人员疏散过程

2) 阻塞工况时发生火灾

在阻塞工况下发生火灾时,乘行人员的逃生流向如图5-57所示。在交通事故车辆和着火车辆之间的乘行人员被迫在烟雾环境中疏散至前方的连接通道或通过逃生楼梯至安全通道内。无烟区的情况同正常运营工况,疏散路径仍采用就近原则,如图5-58所示。

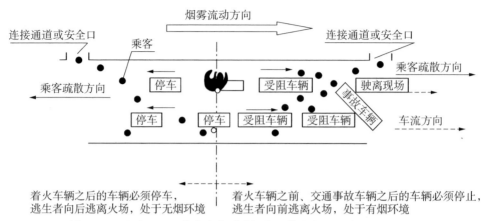

图 5 - 57　阻塞工况下发生火灾时乘行人员的逃生流向(彭子晖, 2008)

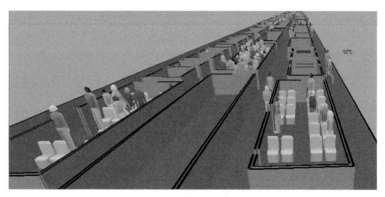

图 5 - 58　阻塞工况下人员疏散逃生

　　如图 5 - 59 所示, 火灾时, 804 人中有 773 人从 D3 号出口安全疏散, 所用的时间为 1 870.59 s, 即 31 min10 s。同时, 从计算结果可以看到:

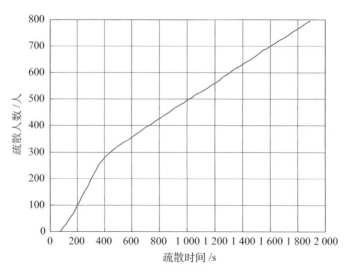

图 5 - 59　阻塞工况下火灾时的疏散结果

（1）火灾中发生伤亡的人员均为 50 岁以上，平均年龄为 65.9 岁。从其疏散路线来看，这些人员均是从离火源最近的隧道区段出发。

（2）第一个人员死亡的时间为 1 038.96 s，即 17 min19 s，建议救援人员在火灾发生后 15 min 内到达现场，进行灭火救援工作。

（3）与正常运营工况下的疏散时间对比，可以看到：在疏散距离、疏散人数相同，并且下游人员比上游人员的反应时间更少的情况下，阻塞工况时下游人员的疏散时间比上游人员多出近 10 min。其原因在于下游人员是在烟气中疏散，其步行速度会有很大的降低，从而导致疏散时间的增加。而当烟气浓度很大时，其中大量的有毒气体会导致人直接死亡。

（4）如图 5 - 60 所示，从火灾发生起 120～180 s 时，逃生口处开始出现比较明显的排队现象，这就使得后边人员的步行速度被迫大大降低，不利于人员的疏散。这会导致人群心理的焦躁情绪加剧，并且拥挤状况的出现容易造成次生事故的发生。从人员疏散角度来讲，缩短两逃生楼梯之间的距离，或者增大逃生楼梯口的宽度的话，可显著提高人员疏散的安全性。

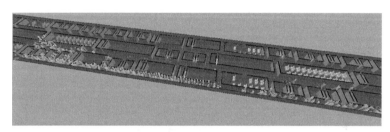

图 5 - 60　阻塞工况下逃生口附近人员积聚

4. 阻塞工况下疏散方案的优化

在阻塞工况下，针对较大通风速度将热烟气大量吹向下游从而造成下游烟气浓度很大以及逃生楼梯口处出现明显的排队现象的情况，可提出以下两个优化方案：

（1）优化方案一：将纵向风速减小至 2.0 m/s，从而减少火源下游的烟气浓度，在允许热烟气向上游发生一定逆流的情况下获得火源上下游安全疏散人员数的最大化。

火源上游人员疏散结果如图 5 - 61 所示，可以看到，上游的 804 人全部安全疏散，所用时间为 1 263.15 s，即 21 min3 s。火源下游人员疏散结果如图 5 - 62 所示，可以看到，下游的 804 人中有 796 人安全疏散，8 人死亡，所用时间为 1 943.93 s，即 32 min24 s。虽然还是有 8 人死亡，但死亡人数已大大小于纵向风速为 3 m/s 时的 31 人，减少了约 75%。这 8 人中有 2 人是离火源最近的一辆中客车上的老年乘客，另外 6 人均为离火源最近的一辆大客车上的老年乘客。

综上所述，在阻塞工况下发生火灾时，当隧道内的纵向风速从 3 m/s 减小到 2 m/s 时，火源下游死亡人数从 31 人减少到了 8 人，减少了约 75%，同时火源上游的人员仍能安全疏散，从而大大提高了阻塞工况下火灾时隧道内人员疏散的安全性。

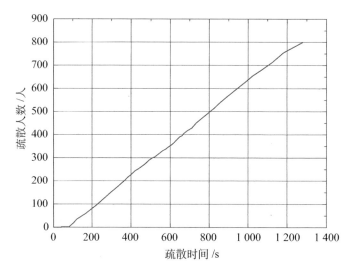

图 5 - 61　优化方案一中火源上游人员疏散结果

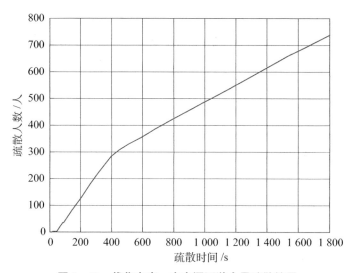

图 5 - 62　优化方案一中火源下游人员疏散结果

　　（2）优化方案二：引导下游部分人员逃生至下一个疏散楼梯口（D4 号出口），从而减少 D3 号出口处的排队现象，从而获得火源下游安全疏散人数的最大化。

　　火源下游人员疏散结果如图 5 - 63 所示，可以看到，下游的 804 人中有 781 人安全疏散，23 人死亡，所用时间为 1 395.72 s，即 23 min16 s。与原方案相比，死亡人数减少了 8 人，减少了约 25%，这是因为减少了 D3 号出口处的排队时间有利于步行速度快的人发挥出自己的速度，从而减少在隧道内的时间。但是从先前的分析可以看到：疏散过程中死亡人员均为靠近火源处的老年人，他们本身的步行速度比较慢（在计算中取 0.3～0.96 m/s 内随机分布），因而对减少 D3 号出口排队时间起到的作用并不大。所以，方案二对于减少死亡人数的效果并不是非常明显。但与先前的方案相比,疏散时间的减少却非常显著,减少了约 8 min。

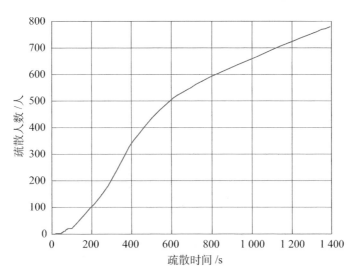

图 5 - 63　优化方案二中火源下游人员疏散结果

综上所述,在疏散救援管理中,可将上述两个优化方案综合运用,即在纵向风速适当减小的同时引导火源下游的一部分人员朝下一个逃生口疏散(图 5 - 64)。这样既能减少隧道内疏散人员的死亡人数,又可大幅减少疏散的时间,提高隧道内阻塞工况下火灾时人员疏散的安全性。

图 5 - 64　人员疏散逃生

5.5.2　地铁枢纽站火灾疏散仿真分析

1. 车站概况

计算地铁枢纽站为双线换乘站(均为岛式站台)。车站共分 3 层(图 5 - 65):第一层为 A 线和 B 线共用的站厅层;第二层为 A 线的站台层及 B 线设备房层;第三层为 B 线站台层。

1)自动扶梯及楼梯设置

A 线设置自动扶梯 2 部(每部扶梯可用宽度为 1.0 m),楼梯 2 部(每部楼梯可用宽度为 2.9 m),所有楼梯和扶梯都用来连接站厅层和 A 号线的站台层。

B 线设置自动扶梯 4 部(每部扶梯可用宽度为 1.0 m),楼梯 6 部(其中两部可用宽度为

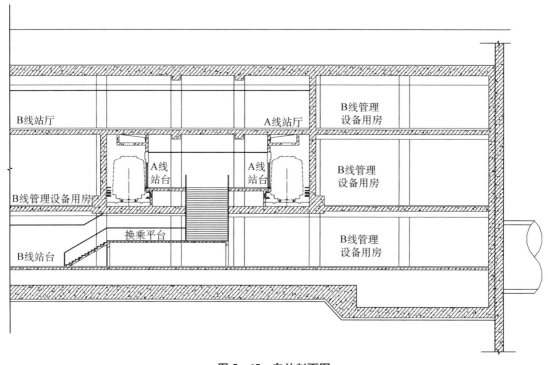

图 5 - 65   车站剖面图

4.0 m,2 部可用宽度为 1.3 m,1 部可用宽度为 8.0 m,一部可用宽度为 1.8 m)。4 部自动扶梯和 2 部楼梯用来连接站厅层和 B 线站台层,2 部楼梯用来连接 A 线站台层和楼梯平台,1 部用来连接 B 线站台层和楼梯平台,1 部用来连接 B 线站台层和 A 线站台层及站厅层。

2) 出入口设置

在站厅层共设置有 7 个出口,其宽度见表 5 - 15。

表 5 - 15   出入口宽度

出口编号	1 号门	2 号门	3 号门	4 号门	5 号门	6 号门	7 号门
宽度/m	5.4	6.0	6.0	5.4	5.8	5.4	6.0

2. 疏散分析模型

1) 分析模型

根据该地铁换乘站的实际尺寸及空间连接关系,在本次分析模型中,共建立了 4 层,即站厅层、A 线站台层、换乘楼梯平台及 B 线站台层,各层间通过楼梯及自动扶梯连接。为简化模型,本分析过程中不考虑两端设备房的影响。各层模型平面如图 5 - 66 所示。

同时,考虑到自动扶梯火灾发生后断电停止运转,在分析模型中将其作为普通楼梯考虑其疏散能力。

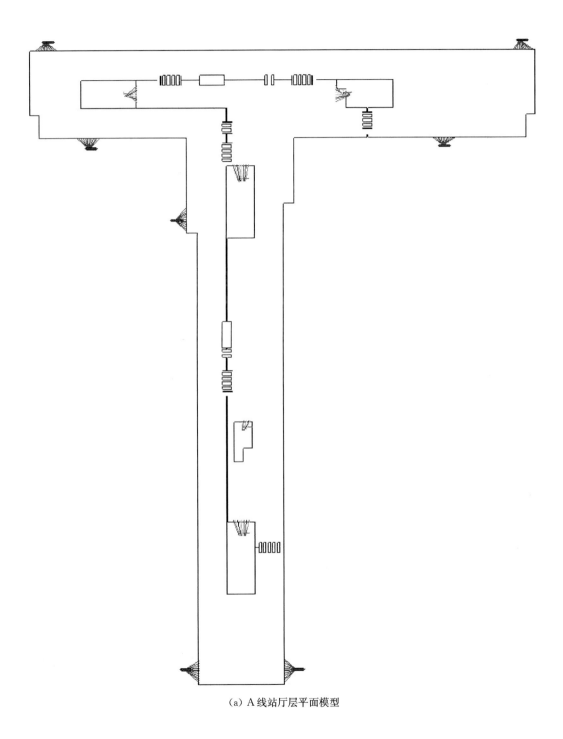

（a）A 线站厅层平面模型

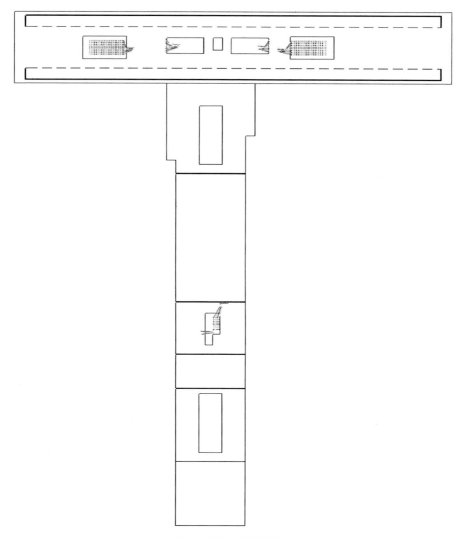

（b）A线站台层平面模型

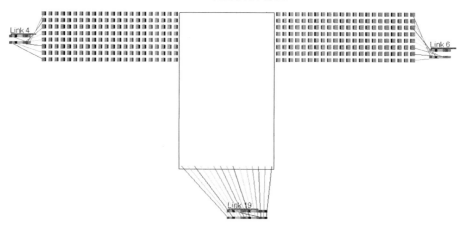

（c）楼梯平台平面模型

（d）B 线站台层平面模型

图 5‑66　换乘站各层平面图

分析模型中，为了反映各出口对人流疏散的贡献，通过出口的潜势能设置，反映了各出口对疏散人群吸引力的大小。如图 5‑67 所示，小方块部分表示出口（Door1）对疏散人群吸引的范围，即该范围内的人会选择该出口进行疏散。

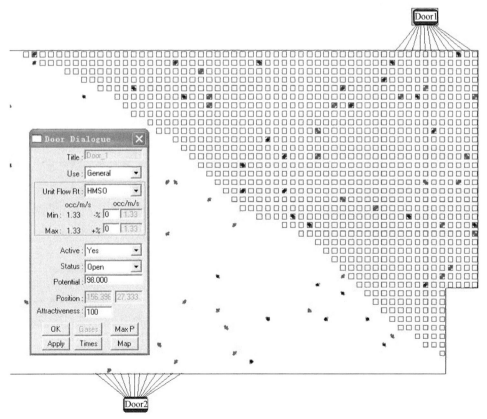

图 5‑67　出口的潜势能设置示例

2）人员配置及行走速度

由于乘坐地铁的多为普通市民，在疏散分析中将人员分为三类。各类人员分布比例及平面上的疏散速度如表 5‑16 所示。

表 5‑16　　人员配置及行走速度

人员类型	人员比例/%	行走速度/m·s⁻¹
小孩和老人	15	0.7
男性	45	1.2
女性	40	0.95

行走速度单位 $\mathrm{m\cdot s^{-1}}$

3）人员的察觉、确认和反应时间

人员察觉火灾时间与其得知火灾发生这一事实的途径有关，而这又与人员与火源之间的距离有关。如果人员距离火源较近，那么就能直接看到火灾的发生，这一阶段的时间就较短；如果人员距离火源较远，那么就有可能通过火警才得知火灾发生的消息，这一阶段的时间就较长。此外，确认和反应时间也与年龄有较大的关系，特别是老年人，反应的时间会比较长。在分析模型中，人员的综合反应时间根据表 5‑17 选取。

表 5‑17　　人员反应时间

人员类型	人员比例/%	反应时间/s
小孩和老人	15	0～60
男性	45	0～30
女性	40	0～30

4）客流量计算

换乘站远期高峰小时客流量如表 5‑18 和表 5‑19 所示。列车为 B 型车，采用 6 节编组。站厅、站台乘客采用高峰小时上下车乘客人数计算，并考虑了超高峰系数（取为 1.4）。

表 5‑18　　A 线客流统计

人员分类	上行/人	下行/人
高峰小时列车上的乘客	1 440	1 440
站台上等待的乘客	228	91
站厅上的乘客	613	613
站台工作人员	5	5
站厅工作人员	10	10

表 5‑19　　B 线客流统计

人员分类	上行/人	下行/人
高峰小时列车上的乘客	1 440	1 440
站台上等待的乘客	200	100

续表

人员分类	上行/人	下行/人
站厅上的乘客	300	300
站台工作人员	5	5
站厅工作人员	10	10

5) 人员安全疏散标准

人员安全疏散标准满足《地铁设计规范》(GB 50157—2013),即保证发生火灾时,在远期高峰小时客流量下,6 min 内将一列车乘客和站台上候车的乘客及工作人员全部撤离站台。

6) 计算工况

本分析中共考虑了三种工况:

(1) 工况 1:高峰时发生火灾,A 线 1 列车进站。

(2) 工况 2:高峰时发生火灾,B 线 1 列车进站。

(3) 工况 3:高峰时发生火灾,A 线、B 线各 1 列车进站。

其中疏散的人数均按高峰小时上下行线中人数较多的一种情况乘以超高峰系数计算。

3. 计算结果及分析

工况 1 时,不同时刻车站内人员的疏散情况如图 5 - 68 所示。工况 2 时,不同时刻车站内人员的疏散情况如图 5 - 69 所示。工况 3 时,不同时刻车站内人员的疏散情况如图 5 - 70 所示。工况 1、工况 2 和工况 3 所需的疏散时间如表 5 - 20 所示。

(a) 0 s 时车站内的人员分布情况

(b) 30 s 时车站内的人员分布情况

(c) 60 s 时楼梯口处的堵塞情况

(d) 150 s 时楼梯口处堵塞情况得到缓解

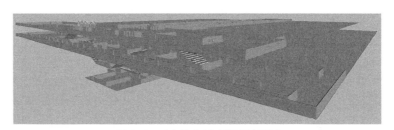

(e) 256 s 时人员全部疏散到站厅层

图 5 - 68　工况 1,不同时刻车站内的疏散情况

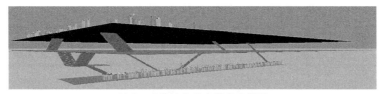

(a) 0 s 时车站内的人员分布情况

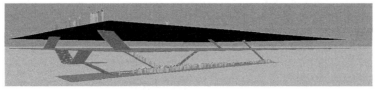

(b) 30 s 时车站内的人员分布情况

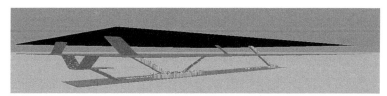

(c) 60 s 时车站内的人员分布情况

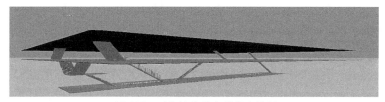

(d) 200 s 时车站内的人员分布情况

图 5‑69　工况 2,不同时刻车站内的疏散情况

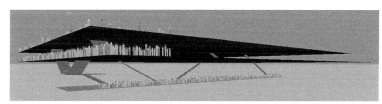

(a) 0 s 时车站内的人员分布情况

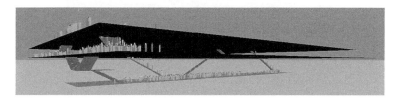

(b) 30 s 时车站内的人员分布情况

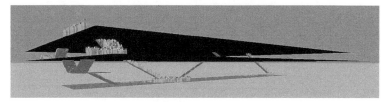

(c) 80 s 时车站内的人员分布情况

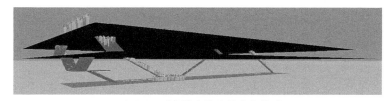

(d) 200 s 时车站内的人员分布情况

图 5‑70　工况 3,不同时刻车站内的疏散情况

表 5-20   不同工况下的疏散时间

	工况 1	工况 2	工况 3
疏散到站厅需要的时间/s	256	293	342
疏散到车站外需要的时间/s	280	315	370

通过对 A 线、B 线换乘枢纽站火灾工况下的人流疏散分析,可得到如下结论:

(1) 远期高峰小时,各工况下列车上乘客、站台上候车乘客及站台工作人员能够在 6 min 内全部撤离站台,安全到达站厅层。

(2) 从各工况下的疏散时间构成可以看到,人员从站台到展厅层占的疏散时间比重较大,这主要是由于疏散人员较多时,站台到展厅的楼梯会成为瓶颈,有大量人员拥挤在楼梯口,可能造成堵塞甚至踩踏现象,建议此处加强疏散引导。

5.5.3 双层越江隧道烟气流动规律与疏散逃生救援策略

1. 工程概况

某双层越江盾构隧道工程长 4.45 km,其中盾构段长约 2.58 km,采用直径 14.5 m 单管盾构隧道,双层四车道,如图 5-71 所示。

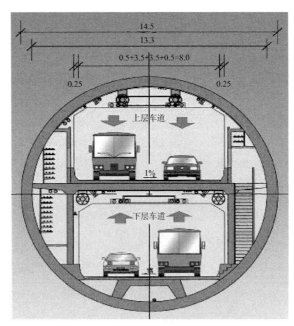

图 5-71   双层盾构隧道断面示意图

2. 疏散分析模型

1) 几何尺寸和边界条件

仿真模型取 1 500 m 长的隧道为研究对象,模拟未考虑从下层空间逃生到上部车道层的时间,简化认为人员到达逃生楼梯处即为安全。模拟考虑了烟气、温度、热辐射和能见度的影响,导入了CFD模拟结果。

疏散模型宽度为8m,高度为5.25m。定义上游入口处位置为0m,下游出口处位置为1 500 m,各个出口的位置(与上游入口的距离)列于表5-21中。

表5-21 各个出口的位置(距模型左端)

出口序号	位置/m	出口序号	位置/m	出口序号	位置/m	出口序号	位置/m
1	40	6	440	11	840	16	1 240
2	120	7	520	12	920	17	1 320
3	200	8	600	13	1 000	18	1 400
4	280	9	680	14	1 080	19	1 480
5	360	10	760	15	1 160		

2) 逃生通道

根据规范规定,0.55 m宽度的通道允许单股人流通过,考虑到需要允许全副武装的消防人员通过,逃生楼梯设计宽度为0.8 m。在进行疏散模拟的过程中,定义模型出口的能力(Flow Rate)为1.33 OCC/m/s。模型中出口的通行能力为1.33 人/s,与0.8 m楼梯设计宽度的通行能力相近。逃生出口的通行能力是制约疏散直接的关键因素。

在分析逃生出口间距对疏散的影响时,模型取400 m长的隧道为研究对象,对比分析逃生出口间距为100 m和80 m的工况,考虑交通阻塞工况,共144辆车,1 240人。

当逃生出口间距相同时,考虑了逃生出口数量对疏散的影响。火源位置A:火源发生在两个逃生出口之间,不影响任何逃生口的使用。火源位置B:火源发生在某个逃生出口附近,导致该逃生口无法正常使用。表5-22根据逃生通道间距、火源位置、每100 m人数和疏散时间给出了四种工况,具体如下:

表5-22 工况表

工况	逃生通道间距/m	火源位置	每100 m人数/人	疏散时间
工况1	100	A	310	9 min10 s
工况2	100	B	310	12 min56 s
工况3	80	A	310	7 min30 s
工况4	80	B	310	10 min21 s

(1) 工况1:疏散通道的间距为100 m,疏散时间为9 min10 s。模拟未设置逃生楼梯,认为人员到达逃生楼梯处即为安全。

(2) 工况2:考虑了火源可能发生在某个疏散出口附近,导致该出口失效的情况。工况2相对工况1减少了一个疏散通道,疏散时间从9 min10 s增加到12 min56 s。疏散通道减少一个,使得疏散时间增加约40%。

(3)工况3:相对工况1,疏散通道的间距从100 m减少到80 m,疏散时间从9 min10 s减少到7 min30 s。

(4)工况4:相对工况3减少了一个疏散通道,疏散时间从7 min30 s增加到10 min21 s。缩短疏散通道的间距能够有效地提升疏散效率,缩短20%,大约节省疏散时间18%。

逃生出口间距疏散时间对比分析时未考虑火灾确认时间(120 s)。火源位置与逃生口相对位置的关系如图5-72所示。

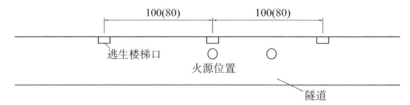

图5-72　模型出口示意图(单位:m)

3)人员参数

人员密度与车种比,与每辆车上的人数以及车间距有关(图5-73、图5-74)。车种比及每辆车上的人数按表5-23取值。在隧道内发生火灾后,火源上游的车辆无法继续前行而需停车,此时的车间距会很近,因而取为1 m。

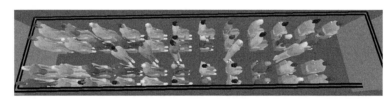

图5-73　大客车内人员分布情况

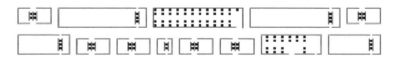

图5-74　隧道内车辆布置

表5-23　　　　　　　　　　　　　　一个逃生间距内车辆与人员数

车型	车型比例/%	车辆长度/m	第一类人员组成			第二类人员组成		
			单辆车人数/人	车辆数量/辆	总人数/人	单辆车人数/人	车辆数量/辆	总人数/人
小客	80.9	4	5	21	105	3	21	63
中客	3.8	7.5	25	1	25	20	1	20

续表

车型	车型比例/%	车辆长度/m	第一类人员组成			第二类人员组成		
			单辆车人数/人	车辆数量/辆	总人数/人	单辆车人数/人	车辆数量/辆	总人数/人
大客	7.7	10	50	2	100	40	2	80
小货	3.8	7.5	2	1	2	2	1	2
中货	3.8	10	2	1	2	2	1	2
总数	100			26	234		26	167

第一类人员组成考虑了极端不利的情况,所有类型的车辆均满员:一个逃生间距(80 m)内车辆为 26 辆,人数为 234 人,1 500 m 范围内总人数 4 387 人。

第二类人员组成,根据实际情况对不同类型车辆的载人数量进行了折减,小客载人数量比第一类人员组成少 2 人,中客和大客载人数量相对于第一类人员组成减少了 20%,一个逃生间距(80 m)内车辆为 26 辆,人数为 167 人,1 500 m 范围内总人数 3 131 人。

因为人员疏散时的特性会因性别和年龄的不同而产生一些差异,因而根据人员的性别和年龄的不同将其分成 7 类,具体的分类及比例见表 5-24。

表 5-24　人员构成比例及行走速度参数

人员类型	比例/%	快行速度/m·s⁻¹		上楼速度/m·s⁻¹	下楼速度/m·s⁻¹
		最快	最慢		
男性(15~29 岁)	23	1.2	0.96	0.536	0.808
男性(30~50 岁)	32	1.2	0.96	0.504	0.688
男性(51~80 岁)	2.5	1.2	0.96	0.408	0.536
女性(15~29 岁)	17	1.2	0.96	0.508	0.604
女性(30~50 岁)	21	1.2	0.96	0.472	0.532
女性(51~80 岁)	2.5	1.2	0.96	0.388	0.388
儿童(7~12 岁)	2	1.2	0.96	0.388	0.388

健康成年人的步行速度一般可取 1.2~1.5 m/s,考虑到因人种的不同而造成的一些身体机能上的差别,以及因火源附近停靠了大量的车辆从而造成了对人员步行的影响,对人员步行速度按 20% 折减来进行取值,如表 5-24 所示。

人员对火灾的察觉时间与人员得知火灾发生这一事实的途径有关,而这又与人员与火源之间的距离有关。如果人距离火源较近,那么就能直接看到火灾的发生,这一阶段的时间就较

217

短;如果人员距离火源较远,那么就有可能通过火警得知火灾发生的消息,这一阶段的时间就较长。因而在计算时察觉时间按以下方法取值:离火源点上游和下游各 40 m 范围内的人员被认为是直接看到火灾的发生或从前方人员处得知火灾发生的消息,因而该阶段相对较短,取60 s;离火源点 40 m 范围以外的人员通过隧道内的火灾自动报警系统得知火灾发生的消息,因而该阶段相对较长,取 120 s。个体的确认和反应时间与年龄有较大的关系,确认和反应阶段的时间按照人群不同的年龄和性别从 0～30 s 范围内随机给出。

4) 关键时间节点

察觉阶段的时间按以下方法取值:从发生火灾到报警需要 60 s,从发生火灾到隧道中控中心确认为 120 s,第一危险区定义为火源上游和下游各 40 m 的范围(一个逃生区段的距离),该区域人员在 60 s 后开始逃生;其他区域则在隧道中控中心确认后立即逃生,即 120 s 后开始逃生。确认和反应阶段的时间按照人群不同的年龄和性别从 0～30 s 范围内随机给出。第一组工况中,第一危险区为出口 3 上游和下游各 40 m 的范围。第二组工况中,第一危险区为出口 3 上游和下游各 80 m 的范围。

3. 人员安全疏散评价指标

人员安全疏散评价综合考虑了温度、热辐射和烟气毒性的影响,各因素安全指标参见表 3-13。在分析中,温度、热辐射和烟气毒性等因素将影响人员个体的运动(移动性、敏捷性和行走速度降低)。同时,考虑了温度、热辐射和烟气毒性等因素对不同人群的影响,例如:老人比年轻人对烧伤更为敏感,以烧伤面积的百分率计算,预计 20% 身体表面烧伤时,20 岁被困者有 1% 的死亡机会,这一概率在 40 岁时增加到 5%,70 岁时增加到 31%。如果有 65% 身体表面积烧伤,则对于 20、40 和 70 岁被困者来说,死亡概率分别为 67%、90% 和 99%。

世界道路协会(PIARC)将火灾发展分为两个阶段:自我逃生阶段(Self-evacuation Phase)和灭火阶段(Fire-fighting Phase),并指出逃生阶段应小于 15 min;同时《道路隧道设计规范》指出,火灾工况时,隧道内乘行人员的安全疏散时间宜小于 15 min。

4. 人员疏散模拟结果与分析

1) 人员疏散模拟结果

仿真模型取 1 500 m 长的隧道为研究对象,模拟未考虑从下层空间逃生到上部车道层的时间,简化认为人员到达逃生楼梯处即为安全。疏散分析结合了 CFD 计算得到的火灾时隧道内温度场、烟气流动速度、高温有毒气体浓度分布特性及隧道内能见度等基础数据,作为疏散分析的背景数据进行人员疏散逃生救援分析,在分析人员疏散的同时考虑了隧道内由火灾引起的环境变化对疏散逃生的影响。

计算考虑了火灾场景、火源位置和人员数量对疏散的影响,总共计算了 20 个工况。从表 5-25 中可以看到各个工况的安全疏散时间,其中考虑了火灾报警、火情确认的时间和个体的反应时间。

表 5－25 各个工况人员安全疏散的总时间

工况①	纵向风速/m·s⁻¹	火源位置	一个逃生间距(80 m)内的人数/人	疏散时间/s	人员伤亡情况
1	无②	A③	234	319	无⑤
2	无	B④	234	362	无
3	2.5	A	234	415	无
4	2.5	B	234	532	无
5	2.0	A	234	401	无
6	2.0	B	234	518	无
7	1.5	A	234	417	无
8	1.5	B	234	595	无
9	1.0	A	234	422	无
10	1.0	B	234	567	无
11	无	A	167	264	无
12	无	B	167	285	无
13	2.5	A	167	302	无
14	2.5	B	167	323	无
15	2.0	A	167	319	无
16	2.0	B	167	309	无
17	1.5	A	167	337	无
18	1.5	B	167	314	无
19	1.0	A	167	351	无
20	1.0	B	167	357	无

注:① 工况 1—20 所对应的逃生出口通行能力为 1.33 人/s。
② 无:表示该工况未考虑火灾的影响。
③ 火源位置 A:火源发生在两个逃生出口之间,不影响任何逃生口的使用。
④ 火源位置 B:火源发生在某个逃生出口附近,导致该逃生口无法正常使用。
⑤ 无:表示疏散过程中无人员伤亡。

经过对比分析,所有工况的安全疏散时间均未超过 900 s,即 15 min。

对比工况 11—20 可发现:对于逃生出口,通行能力为 1.33 人/s,并且一个逃生间距(80 m)内人数为 234 人的工况,疏散时间均小于 600 s。对比工况 31—40 可以发现:对于逃生出口,通行能力为 1.33 人/s,并且一个逃生间距(80 m)内人数为 167 人的工况,疏散时间均小于 360 s。

2) 火灾场景对疏散的影响

火灾场景的不同体现在纵向风速的不同,计算了 4 种纵向风速:2.5 m/s、2.0 m/s、1.5 m/s 和 1.0 m/s。另外,计算了不考虑火灾场景的疏散模型做对比。

火源位置相同时,工况 3 相对于工况 1 考虑了 2.5 m/s 的风速对、20 MW 火灾规模的影响,工况 3 的疏散时间增加约 100 s,增加至 415 s。

火源位置相同时,工况 13 相对于工况 11 考虑了 2.5 m/s 的风速对、20 MW 火灾规模的影响,工况 13 的疏散时间增加约 40 s,增加至 302 s。

火源位置不相同时,工况 4 相对于工况 3 考虑了火源附近逃生口无法正常使用的情况,工况 4 的疏散时间增加约 80 s,增加至 532 s。

火源位置不相同时,工况 14 相对于工况 13 考虑了火源附近逃生口无法正常使用的情况,工况 14 的疏散时间增加约 20 s,增加至 323 s。

3) 火源位置对疏散的影响

火源发生的位置可能在两个逃生出口之间,此时不影响任何逃生口的使用,如图 5-75(a) 所示。火源也可能发生在某个逃生出口附近,导致该逃生口无法使用,如图 5-75(b) 所示。两种不同情况下,最大的逃生间距有明显区别。火源发生在两个逃生出口之间时,所有逃生区段间距均为 80 m,理想状态下,人员与最近逃生出口的最大距离为 40 m;火源发生在两个逃生出口之间时,最大逃生区段为 160 m,理想状态下,人员与最近逃生出口的最大距离为 80 m。

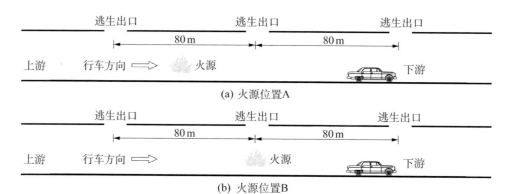

图 5-75 火源与逃生出口相对位置示意图

对比分析工况 3、5、7、9 和工况 4、6、8、10,对于第一类人员组成,当逃生出口通行能力为 1.33 人/s,某一个出口受到火源的影响而无法正常使用时,火灾影响使得人员疏散时间的增加量超过 200 s。

对比分析工况 13、15、17、19 和工况 14、16、18、20,当某一个出口受到火源的影响而无法正常使用时,火灾影响使得人员疏散时间的增加量超过 20 s。

4) 人员数量对疏散的影响

第一类人员组成考虑了极端不利的情况,所有类型的车辆均满员:一个逃生间距(80 m)内车辆为 26 辆,人数为 234 人。

第二类人员组成,根据实际情况对不同类型车辆的载人数量进行了折减,小客载人数量比第一类人员组成少两人,中客和大客载人数量相对于第一类人员组成减少了 20%,一个逃生间距(80 m)内车辆为 26 辆,人数为 167 人。

对比相应工况能够发现,人员数量的合理折减使得所有人员安全疏散的时间减少约200 s。特别是,对于工况 13—20,对于逃生出口通行能力为 1.33 人/s,并且一个逃生间距(80 m)内人数为 167 人的工况,疏散时间均小于 360 s。在火灾发展到 20 MW 的规模时,人员已经基本完成疏散逃生。说明隧道内由于发生火灾被困的人员数量对于安全疏散时间起着重要作用。在交通阻塞工况时,通过采取有效措施控制隧道内车辆的数量,进而控制隧道内乘行人员的数量,对于隧道安全运营可以起到良好的效果。

5. 小结

通过对比各个工况下的人员安全疏散时间可以看到,逃生出口间距对疏散时间具有重要的影响。对于模型参数均相同的工况,缩短疏散通道的间距能够有效地提升疏散效率,逃生出口间距从 100 m 缩短为 80 m(缩短 20%),大约节省疏散时间 18%。

逃生通道的宽度也是制约疏散时间的关键因素。该双层隧道设置了连接上下层的疏散楼梯,上层隧道利用疏散楼梯向下疏散,下层隧道也可以利用疏散楼梯向上疏散。考虑到需要允许全副武装的消防人员通过,逃生楼梯设计宽度为 0.8 m。隧道内乘行人员在火灾发生 240 s之后,基本全部疏散至逃生出口附近,由于逃生出口通行能力的限制,人员不得不在此排队等候通过疏散楼梯逃生至安全区域。为了保护排队期间的人员安全,建议采取措施,形成不同的防火分区,使受困人员在安全的区域排队等候。

人员数量是影响疏散时间的关键因素。例如:工况 25 相对于工况 5,人员数量从 234 合理地折减为 167 人,疏散时间从 640 s 减少到 469 s。工况 26 相对于工况 6,人员数量从 234合理地折减为 167 人,疏散时间从 829 s 减少到 611 s。工况 35 相对于工况 15,人员数量从 234合理地折减为 167 人,疏散时间从 401 s 减少到 319 s。工况 36 相对于工况 16,人员数量从234 合理地折减为 167 人,疏散时间从 518 s 减少到 309 s。

隧道内由于发生火灾被困的人员数量对于安全疏散时间起着重要作用。在交通阻塞工况时,通过采取有效措施控制隧道内车辆的数量,限制堵车段长度,相当于控制了隧道内乘行人员的数量,这对于隧道安全运营可以起到良好的效果。

火灾场景的不同使得烟气沿纵向的扩散速率不同,温度场和能见度是影响疏散时间的重要因素。虽然,在火灾发生 360 s 之后,隧道内的高温区域将迅速扩大,对隧道内乘行人员产生较大威胁,但是,经过疏散分析,隧道内人员在火灾发生 240 s 之后,已经全部在逃生出口处排队,等待通过逃生通道疏散至安全区域。能见度在 360 s 之后迅速下降,对于车内人员疏散至安全出口的时间影响较小,但是对于排队等待的时间影响较大。

参考文献

REFERENCES

安永林,彭立敏,雷明锋. 2009. 雪峰山公路隧道火灾 CO -能见度-温度横向分布[J]. 土木工程学报(6):
　　115 -120.

柴永模. 2002a. 隧道内发生火灾时的温度分布规律初探[J]. 消防技术与产品信息(3):16 - 23.

程群. 2006. 地下街火灾规律研究[D]. 上海:同济大学.

程鑫. 2005. 图像型火灾火焰探测报警系统[D]. 南京:东南大学.

程远平,JohnR. 2002. 小汽车火灾试验研究[J]. 中国矿业大学学报,6(31):557 - 560.

戴国平,田沛哲,夏永旭. 2002. 二郎山公路隧道火灾通风对策[J]. 长安大学学报:自然科学版(6):42 - 45.

戴国平. 2001. 英法海峡隧道火灾事故剖析及其启示[J]. 铁道建筑(03):6 - 9.

邓艳丽. 2005. 地铁隧道工程的性能化防火问题研究[D]. 武汉:武汉大学.

段雄伟. 2010. 公路隧道火灾衬砌混凝土试件损伤试验研究[D]. 长沙:中南大学.

范维澄,等. 1995. 火灾学简明教程[M]. 合肥:中国科学技术大学出版社.

方俊,袁宏永,赵建华. 2002. 气体传感器及其在火灾探测中的应用[J]. 火灾科学(3):180 - 185.

高伟. 1994. 英吉利海峡隧道穿梭列车火灾试验[J]. 消防技术与产品信息(4):39 - 41.

郭清超,沈奕,闫治国. 2012. 重点排烟大断面隧道火灾烟气控制的 CFD 分析[J]. 地下空间与工程学报(S1):
　　1615 - 1620.

何世家. 2002. 隧道火灾和隧道防火涂料[J]. 消防技术与产品信息(05):41 - 44.

胡隆华,霍然,王浩波,等. 2006. 公路隧道内火灾烟气温度及层化高度分布特征试验[J]. 中国公路学报,19
　　(6):79 - 82.

胡隆华. 2006. 隧道火灾烟气蔓延的热物理特性研究[D]. 合肥:中国科学技术大学.

姜文源. 1997. 建筑灭火设计手册[M]. 北京:中国建筑工业出版社.

姜学鹏,胡杰,徐志胜,等. 2011. 铁路隧道火灾烟气逆流的计算模型[J]. 中南大学学报:自然科学版,42(9):
　　2837 - 2842.

蒋亚强,霍然,胡隆华,等. 2009. 长通道内机械排烟速率对烟气层吸穿影响的数值模拟研究[J]. 中国科学技术
　　大学学报(4):424 - 428.

蒋亚强,霍然,胡隆华,等. 2010. 通道火灾时横向排烟对烟气层化特性的影响研究[J]. 工程力学(7):250 -256.

交通部重庆公路科学研究所. 1999. 中华人民共和国行业标准:JTJ 026.1 - 1999 公路隧道通风照明设计规范
　　[S]. 北京:中华人民共和国交通部.

李存夫. 1995. 设计中如何选定地铁火灾强度[J]. 地下工程与隧道(1):40.

李峰. 2009. 公路隧道通风弯曲风道及火灾排烟风口优化研究[D]. 西安:长安大学.

李吉林. 1988. 辐射温度计检定中的有关问题[J]. 计量技术,9:25 - 26.

李开源,霍然,刘洋. 2006. 隧道火灾纵向通风下羽流触顶区温度变化研究[J]. 安全与环境学报,6(3):38 - 41.

李想. 2008. 集中排烟模式下长大公路隧道火灾及人员安全疏散研究[D]. 杭州:浙江大学.

222

李引擎.2005.建筑防火性能化设计[M].北京:化学工业出版社.

李莹.2011.基于图像特征的隧道运动火源视频火焰探测技术研究[D].合肥:中国科学技术大学.

李友明.2001.城市隧道的特点和设计、施工方案选择[J].工程科技(1):1-10.

李振兴.2008.基于CFD模拟分析的大断面公路隧道汽车火灾烟气特性研究[D].上海:同济大学.

厉谨.2010.图像型火灾探测技术的研究[D].西安:西安建筑科技大学.

梁福生.2007.城市交通隧道火灾报警系统设计的几点研究[J].消防技术与产品信息(8):16-18.

刘洪义,倪天晓,张新.2012.集中排烟公路隧道排烟阀下方烟气层吸穿现象研究[J].铁道科学与工程学报
(3):77-82.

刘明.2009.长大公路隧道火灾集中通风排烟方式系统研究[D].长沙:中南大学.

刘琪,姜学鹏,蔡崇庆.2013.隧道集中排烟口间距的多目标决策分析[J].安全与环境学报(2):214-218.

刘琪,姜学鹏,赵红莉,等.2012.基于多指标约束的隧道集中排烟量设计模型[J].安全与环境学报(1):
191-195.

刘伟,袁学勘.2001.欧洲公路隧道营运安全技术的启示[J].现代隧道技术(1):5-10.

刘文利,刘荪.2004.建筑火灾安全疏散设计及评估方法[J].消防技术与产品信息(3):3-6.

刘晓光.2008.图像型火灾火焰探测方法的研究[D].沈阳:沈阳航空工业学院.

陆守香,汪金辉,王福亮.2004.火灾时建筑内人员安全疏散可靠性的数值计算[J].火灾科学,13(4):231-234.

倪照鹏,陈海云.2003.国内外隧道防火技术现状及发展趋势[J].交通世界(2):28-31.

彭锦志,徐志胜,倪天晓,等.2011.公路隧道集中排烟系统流速分布规律数值模拟研究[J].防灾减灾工程学报
(4):415-422.

彭伟,霍然,胡隆华,等.2006.隧道火灾全尺寸试验研究[J].火灾科学,15(4):213-218.

彭子晖.2008.上海长江隧道的消防疏散及救援设计简述[J].地下工程与隧道(4):40-42.

强健.2007.地铁隧道衬砌结构火灾损伤与灾后评估方法研究[D].上海:同济大学.

上海市路政局,同济大学.2013.上海市大型道路隧道消防设施调研报告[R].

上海市隧道工程轨道交通设计研究院.2008.上海市工程建设规范:DG/TJ08-2033-2008道路隧道设计规范
[S].上海:上海市建设和交通委员会.

宋卫国,马剑,袁非牛,等.2006.典型学生人群对疏散指示反应特性的初步研究[J].火灾科学,15(3):
159-167.

涂文轩.1997.铁路隧道火灾的试验研究[J].消防技术与产品(10):32-36.

王大鹏,刘松涛.2010.火灾环境下空间能见度的计算与模拟[J].建筑科学(09):71-74.

王海燕,周心权.2004.平巷烟流滚退火烟羽流模型及其特征参数研究[J].煤炭学报,29(2):190-194.

王克拾.2008.基于CFD模拟分析的大断面公路隧道汽车火灾温度特性研究[D].上海:同济大学.

王利民,何军.2005.浅谈光纤光栅感温传感技术在火灾探测领域的应用[J].消防技术与产品信息(4):28-29.

王婉娣.2004.长大公路隧道火灾通风三维数值模拟研究[D].成都:西南交通大学.

王卫平.2005.典型的高速公路隧道火灾自动检测报警系统的比较研究[D].重庆:重庆大学.

王新钢,毛朝军,叶诗茂,等.2005.浅谈公路隧道火灾及其结构防火保护措施[J].消防技术与产品信息(3):
65-67.

王彦富,蒋军成,龚延风,等.2007.全尺寸隧道火灾实验研究与烟气逆流距离的理论预测[J].中国安全科学学
报,17(8):37-41.

王晖译.2001.创建模型环境[J].消防技术与产品信息(9):49-51.

王泽宇.2006.带竖井特长公路隧道的火灾通风数值模拟[D].成都:西南交通大学.

韦良义.2010.公路隧道火灾的模型实验及CFD模拟研究[D].广州:华南理工大学.

温丽敏,陈全.1998.火灾中群集疏散的设计方法及计算机仿真[J].东北大学学报,19(5):445-447.

吴德兴,李伟平,郑国平.2011.公路隧道独立排烟道集中排烟缩尺寸模型试验研究[J].公路(8):307-311.

吴德兴.2011.特长公路隧道火灾独立排烟道点式排烟系统研究[D].成都:西南交通大学.

吴华.2010.港珠澳海底隧道火灾工况下排烟口几何尺寸优化研究[D].西安:长安大学.

吴龙标,袁宏永.1999.火灾探测与控制工程[M].合肥:中国科学技术大学出版社.

吴小华,李耀庄,易亮,等.2010.隧道集中排烟模式下火灾数值模拟研究[J].安全与环境学报(6):145-149.

夏永旭,李峰,姚毅.2013.公路隧道火灾排烟风口设计参数优化研究[J].地下空间与工程学报(3):669-674.

徐琳,张旭.2007.集中排烟水平隧道排风诱导风速 CFD 分析[J].地下空间与工程学报(3):555-558.

徐琳,张旭.2008.风口特性对集中排烟隧道烟气控制效果的影响[J].暖通空调(3):76-79.

闫治国,杨其新,朱合华.2005.秦岭特长公路隧道火灾试验研究[J].土木工程学报,38(11):96-101.

闫治国,杨其新,朱合华.2006.火灾时隧道内烟流流动状态试验研究[J].土木工程学报,39(4):94-98.

闫治国,杨其新.2003.秦岭特长公路隧道火灾温度场分布试验研究[J].地下空间,23(2):191-195.

闫治国,朱合华,方银钢,等.基于数字化技术的动态反馈式隧道火灾智能疏散救援系统[P].ZL201110007498.0.

闫治国,朱合华,何利英.2004.欧洲隧道防火计划(UPTUN)介绍及启示[J].地下空间,24(2):212-219.

闫治国.2002.长大公路隧道火灾研究[D].成都:西南交通大学.

杨其新,等.1996.国内外隧道消防方法及火灾实例调研报告[R].成都:西南交通大学.

杨其新.2001.国内外公路隧道防灾方法及火灾实例调研报告[R].成都:西南交通大学.

姚斌,刘乃安,李元洲.2003.论性能化防火分析中的安全疏散时间判据[J].火灾科学,12(2):79-83.

姚坚.2007.公路隧道内火灾温度场分布规律数值模拟分析[D].上海:同济大学.

虞利强.2002.城市公路隧道防火设计的探讨[J].消防技术与产品信息(12):39-43.

袁建平,方正,唐智,等.2010.城市隧道火灾组合式排烟特性研究[J].武汉大学学报:工学版(6):738-742.

云南省消防协会.2005.云南省工程建设地方标准:DBJ 53-14-2005 公路隧道消防技术规程[S].昆明:云南省建设厅.

曾巧玲,赵成刚,梅志荣.1997.隧道火灾温度场数值模拟和试验研究[J].铁道学报,19(3):92-98.

翟文鹏.2009.早期火灾烟雾的图像型探测技术的研究[D].天津:天津大学.

张春杰,马喆,邱怀骏.2011.图像型火灾探测器在隧道及地铁中应用的优势分析[J].信息通信(4):168.

张硕生,张庆明,毛朝君.2003.隧道防火保护的现状及发展趋势[J].消防技术与产品信息(7):6-9.

张兴凯.1997.地下工程火灾原理及应用[M].北京:首都经济贸易大学出版社.

张杨.2006.隧道火灾预警系统选型及数据融合[D].上海:同济大学.

张玉春,何川,曾艳华,等.2009.特长公路隧道集中排烟方式研究[J].防灾减灾工程学报(6):663-667.

张志刚.2013.某城市地下交通联系隧道火灾烟气控制研究[D].成都:西南交通大学.

赵红莉,徐志胜,彭锦志,等.2012.纵向排烟与集中排烟下烟气控制效果的对比研究[J].安全与环境学报(01):196-201.

钟委.2007.地铁站火灾烟气流动特性及控制方法研究[D].合肥:中国科学技术大学.

周丹.2011.视频图像火焰探测技术概述[J].建筑科学(11):89-91.

周福宝,王德明.2003.巷(隧)道火灾烟流滚退距离的无因次关系式[J].中国矿业大学学报,32(4):407-410.

周福宝,王德明.2003.巷道火灾烟流滚退距离的理论研究[J].湘潭矿业学院学报,18(4):22-24.

周福宝,王德明.2004.矿井火灾烟流滚退距离的数值模拟[J].中国矿业大学学报,33(5):499-503.

周延,王德明.2001.水平巷道火灾中烟流逆流层长度的实验研究[J].中国矿业大学学报,30(5):446-448.

朱合华,彭芳乐,闫治国.2006.国内外交通隧道火灾安全研究现状及启示[J].民防苑(S1):135-139.

朱立忠,高涛.2003.用模糊算法实现双波段红外火焰探测器的信号处理[J].辽宁工学院学报,23(2):31-32,52.

邹金杰.2006.竖井对长大公路隧道火灾影响的三维数值模拟研究[D].成都:西南交通大学.

左剑,姚斌.2006.基于安全性等价概念的人员疏散评价方法研究[J].火灾科学,15(1):44-48.

北原良哉,梅津実. ンネル内における熱気流の流動-1-天井下の熱成層流れの実験研究[J]. 日本火災学会論文集,34(1):7-15.

Aralt T T, Nilsen A R. 2009. Automatic Fire Detection in Road Traffic Tunnels [J]. Tunnelling and Underground Space Technology, 24(1):75-83.

Australasian Fire Authorities Council(AFAC). 2001. Fire Safety Guidelines for Road Tunnels [R]. Issue 1.

Australian Rail Track Corporation(ARTC). 2005. Design and Installation-Tunnel Fire Safety-New Passenger Railway Tunnels(BSS 02) [S]. Issue 1.

Bailey J L, Forney G P, Tatem P A, et al. 2002. Development and Validation of Corridor Flow Submodel for CFAST [J]. Journal of Fire Protection Engineering, 12(3):139-161.

Ballesteros-Tajadura R, Santolaria-Morros C, Blanco-Marigorta E. 2006. Influence of the Slope in the Ventilation Semi-transversal System of an Urban Tunnel [J]. Tunnelling and Underground Space Technology, 21(1):21-28.

Bari S, Naser J. 2005. Simulation of Smoke from a Burning Vehicle and Pollution Levels Caused by Traffic Jam in a Road Tunnel [J]. Tunnelling and Underground Space Technology, 20(3):281-290.

Beard A N. 2009. Fire Safety in Tunnels [J]. Fire Safety Journal, 44(2):276-278.

Beard A, Carvel R. 2005. The Handbook of Tunnel Fire Safety [M]. London: Thomas Telford.

Bettelini M. 2002. Mont Blanc Fire Safety [J]. Tunnels and Tunnelling International, 34(6):26-28.

Bettis RJ, et al. 1995. Control of Smoke Movement Close to a Tunnel Fire [C]//2nd International Conference on Safety in Road and Rail Tunnels, Granada, Spain.

Both C, Haack A, Lacroix D. 2003a. Upgrading the Fire Safety of Existing Tunnels in Europe: A 13 m EUR European Research Project [C]//Proceedings of ITA World Tunnel Congress 2003. Amsterdam:239-244.

Both C, Haar P W, Wolsink G M. 2003b. Evaluation of Passive Fire Protection Measures for Concrete Tunnel Linings [R]. TNO Report.

Bruck D. 2001. The Who, What, Where and Why of Waking to Fire Alarms: A Review [J]. Fire Safety Journal, 36(7):623-639.

Caliendo C, Ciambelli P, De Guglielmo M L, et al. 2012. Numerical Simulation of Different HGV Fire Scenarios in Curved Bi-directional Road Tunnels and Safety Evaluation [J]. Tunnelling and Underground Space Technology, 31(0):33-50.

Carvel R O, Beard A N, Jowitt P W. 2001. The Influence of Longitudinal Ventilation Systems on Fires in Tunnels [J]. Tunnelling and Underground Space Technology, 16(1):3-21.

Choi B I, Oh C B, Kim M B, et al. 2006. A New Design Criterion of Fire Ventilation for Transversely Ventilated Tunnels [J]. Tunnelling and Underground Space Technology, 21(3-4):277-278.

CIBSE. 1997. Guide E: Fire Engineering [S]. London: The Chartered Institution of Building Services Engineers.

Colella F, Rein G, Verda V, et al. 2011. Multiscale Modeling of Transient Flows from Fire and Ventilation in Long Tunnels [J]. Computers & Fluids, 51(1):16-29.

Collins B, Dahir M, Madrzykowski D. 1990. Evaluation of Exit Signs in Clear and Smoke Conditions [M]. Gaitherburg M D:NIST.

Cook G, Webber S A, Gillham S A, et al. 2005. The Legibility and Conspicuity of Emergency Escape Route Signage for People with Visual Impairments [J]. International Congress Series, 1282:1016-1020.

Deberteix P, Gabay D, Blay D. 2001. Experimental Study of Fire-induced Smoke Propagation in a Tunnel in the Presence of Longitudinal Ventilation [C]//Proceedings of the International Conference on Tunnel Fires and Escape from Tunnels.

Delichatsios M A. 1981. The Flow of Fire Gases under a Beamed Ceiling [J]. Combustion and Flame, 43: 1 –10.

Economic and Social Council(ESC) of United Nations. 2001. Recommendations of the Group of Experts on Safety in Road Tunnels [R]. TRANS/AC, 7/9.

Fang Y G, Zhu H H, Yan Z G. 2010. Reconstruction of the Temperature Distribution on the Vertical Direction of Tunnel in Fire Accidents [C]//GeoShanghai 2010 International Conference.

FIT. 2002. FIT European Thematic Network: Fire Safe Design, Road Tunnels-Listing of Guidelines [R]. Draft Contribution to FIT WP3 Report.

Guelzim A, Souil J M, Vantelon J P, et al. 1994. Modelling of a Reverse Layer of Fire-induced Smoke in a Tunnel [C]//Fire Safety Science-Proceedings of the Fourth International Symposium.

Haack A. 1992. Fire Protection in Traffic Tunnels-Initial Findings from Large-Scale Tests [J]. Tunnelling and Underground Space Technology, 7(4):363 – 375.

Haack A. 1998. Fire Protection in Traffic Tunnels: General Aspects and Results of the EUREKA Project [J]. Tunnelling and Underground Space Technology, 13(4):377 – 381.

Haack A. 2006. Welcome and Introduction [C]//Proceeding of Second International Symposium on Safe & Reliable Tunnels: Innovative European Achievements, Lausanne.

Han D, Lee B. 2009. Flame and Smoke Detection Method for Early Real-time Detection of a Tunnel Fire [J]. Fire Safety Journal, 44(7):951 – 961.

Highway Department and Federal Highway Administrations (FHWA). 1995. Memorial Tunnel Fire Ventilation Test Program [R]. Test Report, America.

Hinkley P L. 1995. Smoke and Heat Venting [M]// SFPE Hand-book of Fire Protection Engineering. Quincy: National Fire Protection Association, 219 – 241.

Høj N P, Rostam S, Edvardsen C. 2003. Optimisation of Decisions in the Process of Creating and Operating Tunnels [C]//Proceedings of ITA World Tunnel Congress 2003. Amsterdam: 131 – 137.

Hu L H, Huo R, Peng W, et al. 2006. On the Maximum Smoke Temperature under the Ceiling in Tunnel Fires [J]. Tunnelling and Underground Space Technology, 21(6):650 – 655.

Hu LH, Huo R, Chow WK. 2008. Studies on Buoyancy-driven Back-layering Flow in Tunnel Fires [J]. Experimental Thermal and Fluid Science, 32(8):1468 – 1483.

Huseynov J, Boger Z, Shubinsky G, et al. 2005. Optical Flame Detection Using Large-scale Artificial Neural Networks [C]//IEEE Proceedings of International Joint Conference on Neural Networks. Montreal, Canada: IEEE Press: 1959 – 1964.

Hwang C C, Chaiken R F, Singer J M, et al. 1977. Reverse Stratified Flow in Duct Fires: A Two-dimensional Approach [J]. Symposium (International) on Combustion, 16(1):1385 – 1395.

Ingason H, Li Y Z. 2011. Model Scale Tunnel Fire Tests with Point Extraction Ventilation [J]. Journal of Fire Protection Engineering, 21(1):5 – 36.

Ingason H, Lonnermark A. 2005. Heat Release Rates from Heavy Goods Vehicle Trailer Fires in Tunnels [J]. Fire Safety Journal, 40:646 – 668.

Ingason, H. 2005. Fire Dynamics in Tunnels [M]//Beard A, Carvel R (Eds.). The Handbook of Tunnel Fire Safety. London: Thomas Telford Publishing.

ITA. 1998. Fire and Life Safety for Underground Facilities: Present Status of Fire and Life Safety Principles Related to Underground Facilities [J]. Tunnelling and Underground Space Technology, 13(3):217 – 269.

ITA. 2005. Guidelines for Structural Fire Resistance for Road Tunnels [R]. WG 6 Report.

Kim M B, Choi J S, Han Y S, et al. 2003. The Status of Road Tunnel Fireafety in Korea [C]//Proceedings of

ITA World Tunnel Congress 2003, Amsterdam.

Kratzmeir S. 2006. New Approaches for Tunnel Fire Safety-The SOLIT Project [C]// Proceeding of ITA World Tunnel Congress and 32nd ITA Assembly, Seoul.

Kunsch J P. 1998. Critical Velocity and Range of a Fire-gas Plume in a Ventilated Tunnel [J]. Atmospheric Environment, 33(1):13 - 24.

Kurioka H, Oka Y, Satoh H, et al. 2003. Fire Properties in Near Field of Square Fire Source with Longitudinal Ventilation in Tunnels [J]. Fire Safety Journal, 38(4):319 - 340.

Lee E J, Oh C B, Oh K C, et al. 2010. Performance of the Smoke Extraction System for Fires in the Busan-Geoje Immersed Tunnel [J]. Tunnelling and Underground Space Technology. 25(5):600 - 606.

Leitner A. 2001. The Fire Catastrophe in the Tauern Tunnel: Experience and Conclusions for the Austrian Guidelines [J]. Tunnelling and Underground Space Technology, 16(3):217 - 223.

Lemaire T, Kenyon Y. 2006. Large Scale Fire Tests in the Second Benelux Tunnel [J]. Fire Technology, 42: 329 - 350.

Levy S, Sandzimier J, Harvey N, et al. 1999. CFD Model for Transverse Ventilation Systems [C]// Proceedings of the First International Conference on Tunnel Fires and One Day Seminar on Escape from Tunnels, 5 - 7 may , Lyon, France.

Li J S M, Chow W K. 2003. Numerical Studies on Performance Evaluation of Tunnel Ventilation Safety Systems [J]. Tunnelling and Underground Space Technology, 18(5):435 - 452.

Li Y Z, Ingason Haukur. 2010. Maximum Ceiling Temperature in a Tunnel Fire [R]//SP Report 2010:51. Borås : SP Swedish National Testing and Research Institute .

Li Y Z, Lei B, Ingason H. 2011. The Maximum Temperature of Buoyancy-driven Smoke Flow Beneath the Ceiling in Tunnel Fires [J]. Fire Safety Journal, 46(4):204 - 210.

Lin C, Chuah Y K. 2008. A Study on Long Tunnel Smoke Extraction Strategies by Numerical Simulation [J]. Tunnelling and Underground Space Technology, 23(5):522 - 530.

Liu Z G, Kashef A H, Lougheed G D, et al. 2011. Investigation on the Performance of Fire Detection Systems for Tunnel Applications: Part 1: Full-Scale Experiments at a Laboratory Tunnel [J]. Fire Technology, 47(1):163 - 189.

Liu Z G, Kashef A H, Lougheed G D, et al. 2011. Investigation on the Performance of Fire Detection Systems for Tunnel Applications: Part 2: Full-Scale Experiments Under Longitudinal Airflow Conditions [J]. Fire Technology, 47(1):191 - 220.

Liu Z G, Kashef A, Crampton G, et al. 2010. Findings of the International Road Tunnel Ffire Detection Research Project [J]. Fire Technology, 46(3):697 - 718.

Lönnermark A, Ingason H. 2005. Gas Temperatures in Heavy Goods Vehicle Fires in Tunnels [J]. Fire Safety Journal, 40:506 - 527.

Lönnermark A. 2005. On the Characteristics of Fires in Tunnels [D]. Lund: Lund University.

Mangs J, Keski-Rahkonen O. 1994. Characterisation of the Fire Behaviour of a Burning Passenger Car: Part II:Parameterisation of Measures Rate of Heat Release Curves [J]. Fire Safety Journal, 23:37 - 49.

Matheislová H, Jahoda M, Kundrata T, et al. 2010. CFD Simulations of Compartment Fires [J]. Chemical Engineering Transactions, 21:1117 - 1122.

Mulholland G W. Smoke Production and Properties [M]//SFPE Handbook of Fire Protection Engineering. Quincy : NFPA, 1995, section 3:2 - 258.

Newman J S. 1984. Experimental Evaluation of Fire-induced Stratification [J]. Combustion and Flame, 57 (1):33 - 39.

NFPA. 1998. NFPA 502 Standard for Road Tunnels, Bridges, and Other Limited Access Highways [S]. National Fire Protection Association.

Ono K. 2006. Fire Design Requirements for Various Types of Tunnel [C]//Keynote Lecture of ITA WTC 2006, Seoul, Korea.

Ono T, Ishii H, Kawamura K, et al. 2006. Application of Neural Network to Analyses of CCD Colour TV-camera Image for the Detection of Car Fires in Expressway Tunnels [J]. Fire Safety Journal, 41(4): 279-284.

PIARC. 1999. Fire and Smoke Control in Road Tunnels, 05. 05. B [R]. Paris: PIARC.

PIARC. 2002. PIARC Proposal on the Design Criteria for Resistance to Fire for Road Tunnel Structures [R]. Paris: PIARC.

PIARC. 2004. Systems and Equipment for Fire and Smoke Control in Road Tunnels [R]. Paris: PIARC.

Quellette M. 1988. Exit Signs in Smoke: Design Parameters for Greater Visibility [J]. Lighting Research and Technology, 20(4):155-160.

Rie D H, Kim H T, Yoo J O, et al. Comparison of Two Different Smoke Extraction Schemes of Transversely Ventilated Tunnel Fire [J]. Progress in Safety Science and Technology, 2005,5(Part a-b):928-935.

RWS/TNO. 1998. Fire Protection for Tunnels: GT—98036 [R]. TNO Report 98-CVB-R1161.

Saito N, Yamada T, Sekizawa A, et al. 1995. Experimental Study on Fire Behavior in a Wind Tunnel with a Reduced Scale Model [C]//Second International Conference on Safety in Road and Rail Tunnels: 303-310.

Shipp M, Spearpoint M. 1995. Measurements of the Severity of Fires Involving Private Motor Vehicles [J]. Fire and Materials, 19:143-51.

Takekuni K, Shimoda A, Yokota M. 2003. The Characteristics of Fires in Large-scale Tunnels on Fire Experiments inside the Shimizu No. 3 Tunnel on the New Tomei Expressway [C]//Proceedings of ITA World Tunnel Congress 2003, Amsterdam: 179-184.

Thomas P H. 1958. The Movement of Buoyant Fluid against a Stream and the Venting of Underground Fires [J]. Fire Research Note, 351.

Tuovinen H, Holmstedt G, Bengtson S. 1996. Sensitivity Calculations of Tunnel Fires Using CFD [J]. Fire Technology, 32(2):99-119.

Unoki J, Kimura S. 1983. New Fire Detector for Road Tunnels [J]. Fire Safety Journal, 6(3):215-224.

Vantelon JP, Guelzim A, Quach D, et al. 1991. Investigation of Fire-induced Smoke Movement in Tunnels and Stations: An Application to the Paris Metro [C]//Third International Symposium on Fire Safety Science.

Vauquelin O, Mégret O. 2002. Smoke Extraction Experiments in case of Fire in a Tunnel [J]. Fire Safety Journal, 37(5):525-533.

Wang H. 2009. Prediction of Soot and Carbon Monoxide Production in a Ventilated Tunnel Fire by Using a Computer Simulation [J]. Fire Safety Journal, 44(3):394-406.

Wetzig V. 2004. Reality-based Training for Fire Brigades in Tunnels-First Experience Report [J]. Tunnelling and Underground Space Technology, 19:315.

Woodburn P J, Britter R E. 1996a. CFD Simulations of a Tunnel Fire: Part I [J]. Fire Safety Journal, 26(1):35-62.

Woodburn P J, Britter R E. 1996b. CFD Simulations of a Tunnel Fire: Part II [J]. Fire Safety Journal, 26(1):63-90.

Wu Y, Bakar M. 2000. Control of Smoke Flow in Tunnel Fires Using Longitudinal Ventilation Systems - A Study of the Critical Velocity [J]. Fire Safety Journal, 35(4):363-390.

Yan Z G, Yang Q X, Zhu H H. 2006a. A Study of Ventilation Measures in Tunnel Fire [C]//Proceedings of

GEOSHANGHAI2006: ASCE Geotechnical Special Publication (GSP): Underground Construction and Ground Movement. Shanghai: 256 – 263.

Yan Z G, Yang Q X, Zhu H H. 2006b. Large-scaled Fire Testing for Long-sized Road Tunnel [J]. Tunnelling and Underground Space Technology, 21:282.

Yoon S, Rie D, Kim H. 2009. Smoke Control of a Fire in a Tunnel with Vertical Shaft [J]. Journal of Loss Prevention in the Process Industries, 22(6):954 – 957.

索 引

INDEX

CO 浓度　73,75,80—82,112,113,115—131

标准火灾曲线　25

大断面隧道　34,35,41,66,74,76,110,120,131,172,222

道路隧道　2,10,11,21,28,32,37,41,51,56,58,60,62,66,67,70,74,76,78,79,83,85,110,120,135,138—140,151—157,160—163,178,193,194,218,223

地铁　7—10,12,13,15,20,21,24,25,27,31—34,36,40,41,144—146,151,154,184—186,188—194,205,206,209,211,222—224

地下街　9,13,222

动态火灾预警及疏散救援　155

光纤光栅　21,42,43,54,55,136,138—140,154,177,178,182—184,223

横向温度分布　70

火风压　70

火焰探测器　137—143,154,224

火灾　2—21,23—34,36—41,45—47,49—53,56—63,65—80,82,83,85—95,97—113,115,116,118,120—122,124—128,130,131,133—151,153—156,159—161,163—167,170—174,177,178,182—186,188,192—203,205,206,210,211,214,216—225

火灾场景　19—21,32,35,39,72,74,78,80,83,195,218,219,221

火灾规模　29,32,33,36,39,41,44—47,49,52,61,66,68,70—74,78,80,83,99,109—111,113,155,167,172,174,198,219,220

火灾升温速率　25

火灾疏散　161,164,165,186,192—194,205

火灾自动报警　6,21,138—140,143—146,148,153—156,182,195,218

交通隧道　70,182,223,224

能见度　9,13,51,67,72—75,80—82,113—118,120—122,124—127,130,131,193—195,214,218,221—223

烟气逆流　58,59,62,63,167,171—173,222,223

泡沫-水喷雾灭火系统　51

热释放率　21,27—30,33,37,39,40,52—54,56—58,61,62,74,78—80,98,170,172—174

疏散仿真　189

疏散时间　79,81,189,190,192—198,200,203,204,211,214—216,218—221,224

通风　3,9,10,12—14,19—21,24,26,28—31,33,35—39,41,47,53,59,62,66,68—74,76,139,144,155,162,163,166,171,177,185,186,188,192,193,195,199,200,203,222,223

温度场重构　166,173

消光系数　81,112,113,115—119,121—125,127—130

烟流速度　43

应急疏散逃生通道　184,186—192

应急通风　65,66

重点排烟　66—71,73,74,76,80,82,83,85,88,94,97,100,110—113,120,122,123,125,130,131,162,194,222

纵向排烟　66,67,162,163,224

纵向温度分布　58,59,62,171,172